改訂新版

ファースト
ステップ

情報通信ネットワーク

浅井宗海

著

近代科学社

本書について

　本シリーズは、コンピュータを初めて本格的に学ぶ大学生・高専生・専門学校生を対象にしたものです。シリーズの中で、本書は、コンピュータに関する入門学習が終わった学生の皆さんに、情報通信ネットワークに関する技術を分かりやすく、かつ、ネットワークを実践的に利用するために役立つ情報を紹介します。内容としては、最も普及している LAN とインターネットに重点を置き、その仕組みだけではなく、運用するための方法や、セキュリティの基本的な考え方と対策についても取り上げます。

　また、初めてネットワークやセキュリティについて学ぶ皆さんが、無理なく学べるように工夫をしました。たとえば、本書は大学・高専の1セメスター（半期）の授業回数を意識した構成となっており、1章の内容を1回の授業で学べるように、各章の量を概ね均等にしています。章の構成についても、次のような工夫をしています。

■各章の構成とねらい

・学習ポイントと動機付け

　各章は教師と学生の対話から始まっています。その対話を通して、ここでの学習の重要性を伝え、動機付けを行っています。また、この章での学習目標を明確にするため、ページ下部の「この章で学ぶこと」で目標を箇条書きで示しました。

・見出しの階層化と重要項目の明確化

　できるだけ多くの見出しを階層的に付けることで、そこで何を説明しているのかという見通しをよくしました。また、それぞれの箇所でのポイントが一目瞭然になるように、重要部分を強調して説明しています。さらに、本文では、技術的な内容（What）を羅列的に説明するのではなく、それがなぜ必要なのか（Why）といった説明を加え、納得できる解説になるように配慮しました。

・脚注と Tips の活用

　本文の説明が長くなりすぎるとポイントがぼけてしまうので、できるだけ文書は簡潔で、分かりやすい内容になるように配慮しました。そのため、発展的な内容や補足的な内容は脚注と Tips で解説し、本文は重要点に絞り、図解や具体例を使って分かりやすさに配慮しました。

・章のまとめ

　章の終わりに、その章で必ず覚えてほしい内容をまとめて示し、重要点の明確化を図りました。授業の終わりの「まとめ」に利用していただけるように配慮しました。

・練習問題

　章の最初のページで示した学習目標である「この章で学ぶこと」が達成できたかを確認できるように、章末に練習問題を掲載しました。ここでの問題は、応用力を図るものではなく、あくまでも、章の最初の学習目標で示した内容の理解を確かめるものとなっています。確実に解けるように努め、学習成果を確実なものにしてください。

　さらには、最終章に、本書の総合的な復習として「総合演習」を掲載しました。応用力を付けるためにチャレンジしてみてください。

　本書を学ぶことによって、何気なく日常的に使っていたネットワークが、その仕組みを理解して利用できるようになり、また、その運用のための簡単な操作と、ネットワークの危険性を意識し、リスクに対応した利用ができるようになっていただけることを願っております。もし本書によって、ネットワークを楽しく安全に利用できるようになったと感じていただければ、著者としてこれ以上の喜びはありません。

2024 年 6 月

浅井 宗海

改訂版発行にあたって

2011 年に本書の初版を刊行して以降、10 年余りが経過しました。その間、IT の進化は著しく、情報通信ネットワークの利用環境も一変しています。ただ、その変化は性能や情報セキュリティ面であり、LAN やインターネットの基本的な仕組みが大きく変化しているわけではありません。

本書は、ネットワークの基本的な考え方を中心に展開しているため、大学・高専・専門学校の授業などで、継続的にご利用いただけていると考えております。ただ、ネットワークの利用環境における、データ通信速度の向上や、通信規格の変化、情報セキュリティの強化といった面について対応できておりませんでした。したがいまして、教育の現場で活躍されている先生方のご意見も踏まえて、今回、内容の改訂を行うことにいたしました。

主な改訂の主旨は、以下の通りです。

(1) インターネットの伝送路や速度に関する変化に対応
(2) LAN の規格や速度に関する変化に対応
(3) 暗号化通信に関するプロトコル説明の追加
(4) ネットワークに関する操作説明を最新 OS に対応
(5) Tips の枠を設けて補足説明を充実
(6) 初版での内容を見直し、より分かりやすい説明に修正

最後に、本書の出版機会を与えていただいた元大阪成蹊大学の國友義久先生と近代科学社の大塚浩昭社長、山口幸治さん、改訂の出版でご尽力いただいた伊藤雅英副編集長と赤木恭平さん、そして、原稿内容の確認を手伝ってくれた通信会社に勤める息子の浅井拓海に感謝の意を表します。

目次

はじめに

教師　こんにちは。それでは、「情報通信ネットワーク」の授業ガイダンスを始めましょう。

学生　はーい。

教師　ところで、なぜ皆さんは、この授業を選択したのですか？

学生　いきなり質問ですか？　えーと、やはり、現在は、スマホやパソコンで、インターネットを使わない生活は考えられないので、学んでおく必要があると思ったからです。

教師　その通り！　今後、皆さんが社会に出て働く場合でも、仕事にとってネットワークの利用は不可欠です。インターネットを使った取引や広報、打合せなどの仕事が益々増えていくでしょう。ですから、ネットワークの基本を身に付けておくことは、今後の皆さんにとって、大変に意義のあることです。

学生　（確かに、重要な気がしてきた）

教師　それでは、この授業が終わったときに、ネットワークをより有効に使える自分になれるように、頑張って学習を始めましょう。

テッド・ネルソン：

　こうしてネットワーク上のすべてのコンピュータに記憶された文献の内容は、単一の統一体に統合され続ける。

『リテラリーマシン―ハイパーテキスト原論』より

第 1 章

身近なネットワークとその種類

学生　先生、講義の質問で研究室に行ってもいいですか？

教師　熱心だね。大歓迎だよ。ただ、今日は都合が悪いので明日以降の都合のよい時間を、私に電子メールで連絡してくれるかな。

学生　了解しました。それでは、スマートフォンから先生のメルアドにメールを送ります。

教師　君のスマートフォンは、私のインターネットの電子メールアドレスにもメールを送れるのかね？　私のスマートフォンからは送れないのだが・・・

学生　先生！　それって、スマートフォンの設定がされてないだけですよ〜。先生のスマートフォン、貸してください。設定してあげますから。

教師　ありがとう。スマートフォンのメールとインターネットのメールはつながっていないものだと諦めていたが、助かったよ。やっぱり、**インターネットは便利だね**。

学生　・・・

この章で学ぶこと

1　インターネットに接続するときの概要を説明する。

2　回線事業者と ISP の違いと主な伝送路について説明する。

3　LAN と WAN の意味を説明する。

4　クライアントサーバとイントラネットについて説明する。

1.1 インターネットと通信回線

1.1.1 身近なインターネット

- ・インターネットとは、世界中のネットワークをつなぐネットワークである。
- ・インターネットの接続には、回線事業者の提供する回線とプロバイダ（ISP）の接続サービスを利用する。

　パソコンやスマートフォンを使った一番身近なネットワークは、いうまでもなく**インターネット**（Internet）[1] です。このインターネットを含め、パソコン、電話や FAX などの通信機器を使ったネットワークを、人のつながりといった意味を含む一般的なネットワークと区別するために、**情報通信ネットワーク**と呼ぶことがあります。

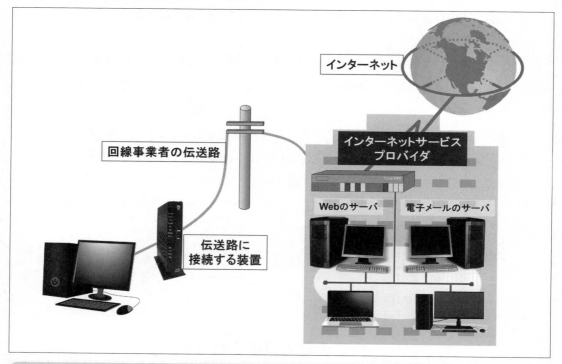

図 1.1　インターネットに接続するイメージ

1　インターネットは、異なる情報通信ネットワーク間をつなぐ技術を使って、構築された広範囲なネットワークを指す言葉です。しかし、一般に使われるインターネットという言葉は、この技術を使い、現実に私たちが使っている、世界中をつないでいるネットワーク自身を指す固有名詞として使われることが多いようです。このインターネット技術は、1969 年にアメリカ国防総省の国防高等研究計画局（略称：ARPA）により開発された ARPANET（アーパネット）が基礎となっています。

　情報通信ネットワークの一つであるインターネットを使うことで、私たちは、世界中の人と**電子メール**のやり取りをしたり、世界中に公開されている**Web ページ**[2]を見て情報収集をしたりすることができます。ただ、この便利なインターネットを家庭で利用するためには、図 1.1 に示すようなインターネットへの接続を行う必要があります。

　図 1.1 に示すように、一般的には、家庭のパソコン（PC）をインターネットに接続するためには、**回線事業者**と呼ばれる NTT などの回線と、インターネットへの接続をサービスしてくれるプロバイダ、すなわち**インターネットサービスプロバイダ**（**ISP**：Internet Service Provider）を利用する必要があります。

1.1.2　回線事業者と ISP

> ・電気通信事業法という法律では、多くの場合、回線事業者は「電気通信回線設備を設置する事業者」に、ISP は「電気通信回線設備を設置しない事業者」に分類される。
> ・インターネットの接続には、回線事業者が提供する FTTH や移動通信などの通信サービスを利用する。

　回線事業者は、**電気通信事業法**[3]という法律では「**電気通信回線設備を設置する事業者**」と呼ばれる企業で、固定電話、スマートフォンなどで通信を行うための**伝送路**をもって通信サービスを行っている企業のことです。よく知られている会社には、NTT（東日本、西日本、ドコモ）、KDDI、ソフトバンクやスカパー JSAT などがあります。この他に、電力会社やケーブルテレビの事業者なども、回線事業者として登録しています。

　インターネットへの接続に利用される伝送路としては、これまで、ダイヤルアップ接続[4]に利用される一般電話回線や ISDN、ブロードバンド接続[5]に利用される ADSL や光回線を使った FTTH、専用線、無線による移動通信など、回線事業者が提供する色々な通信サービ

2　ホームページとは、ある企業や学校など Web 画面の最初のページ（トップページともいう）を指す言葉で、Web 画面のすべてのページに対しては Web ページという言葉を使う方が適切です。

3　電気通信事業法は、昭和 59 年 12 月 25 日に発令された法律（第 86 号）で、電気通信事業について定めています。

4　ダイヤルアップ接続（ダイヤルアップインターネット接続）は、電話番号を使って ISP に接続する方法です。

5　ブロードバンド接続（ブロードバンドインターネット接続）は、電話をかけることなく常時 ISP に接続されており、特に高速な通信が行える特徴をもつ方法で、現在、最も普及している接続方法です。一般電話や ISDN を使ったダイヤルアップ接続は、高速な通信が行えないので、ブロードバンドに対して、ナローバンドと呼ばれることがあります。

スが利用されてきました（これらの伝送路の特徴については、次項の表 1.1 に示します）。現在では、FTTH、移動通信や専用回線を使ってのインターネット接続が主流となっています。

　図 1.1 に示すように、PC を回線事業者の伝送路を使った通信サービスにより ISP につなぐことで、私たちはインターネットを使うことができます。また、ISP はインターネットへの接続や電子メールのサービスを提供する企業で、電気通信事業者や電機メーカ、家電量販店などが、OCN や Yahoo!BB、BIGLOBE、@nifty、So-net といったサービス名で提供しています。

　ISP も、回線事業者と同じく電気通信事業者に分類されますが、電気通信事業法では「**電気通信回線設備を設置しない事業者**」に分類されます。ただ、回線事業者の中には、ISP も併せて提供する会社もあります。

1.1.3　伝送路

> ・通信の速さを表すデータ転送速度の単位はビット／秒（bps）である。
> ・伝送路は、連続的な波形（アナログ信号）を送るアナログ回線、不連続な波形（ディジタル信号）を送るディジタル回線に分類される。
> ・インターネット接続に使われる伝送路には、固定電話回線、ISDN、ADSL、FTTH、専用線、移動通信などがある。

(1) データ転送速度

　回線事業者が提供する伝送路を、ブロードバンドとナローバンド[6]に分類することがあります。この二つを区別する特徴は、通信の速さです。通信の速さは**データ転送速度**と呼ばれ、この速度は、

ビット／秒（**bps**：bits per second）

という単位で表現されます。データ通信は、ディジタル情報である 2 進数のデータの通信なので、データ転送速度は、1 秒間に送ることのできるビット数（2 進数の桁数）で表します。一般的に、日本では 512kbps 以上のデータ転送速度をもつ伝送路をブロードバンドといっ

6　ブロード（broad）とは広い、ナロー（narrow）とは狭いという意味の言葉です。ナローバンドとブロードバンドを区別する明確なデータ転送速度の値があるわけではありません。ナローバンドは 64kbps ～ 256kbps の低速の回線を指すことが多いようです。

ています。512kbps とは、1 秒間に 512,000 ビット（2 進数 1 桁の数値の 51.2 万個分）を通信できる速度です。

💡 Tips　情報量の単位

・1 桁の 2 進数の値を 1 ビット（1b）という単位で数えるので、たとえば "10101100" という 2 進数は、8 桁あるので 8 ビット（8b）になります。また、8 ビットを 1 バイト（1B）という単位で数えます。したがって、2 進数が 16 桁ある場合は、2 バイト（2B）となります。

・単位の前についた k、M などの記号は SI 接頭語と呼ばれるもので、次に示す位を表しています。したがって、512 k は、512 を 1000 倍した値になります。

k（キロ）　1k = 1,000
M（メガ）　1M = 1,000,000
G（ギガ）　1G = 1,000,000,000
T（テラ）　1T = 1,000,000,000,000

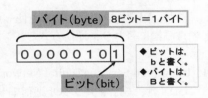

---

(2) アナログ回線とディジタル回線

伝送路には、アナログ回線とディジタル回線という分類もあります。**アナログ回線**とは、アナログ信号を送る伝送路のことで、**ディジタル回線**とは、ディジタル信号を送る伝送路のことです。

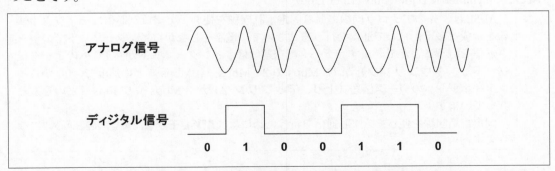

図 1.2　アナログ信号とディジタル信号の例

図 1.2 に示すように、アナログ信号は、電圧などの連続的な変化を示す波形で表現される信号であり、ディジタル信号は、電圧などの不連続な変化を示す波形（矩形波）で表現される信号です。電話機が伝える音声信号はアナログ信号であり、PC が伝えるデータ信号はディジタル信号です。

(3) インターネット接続に使う伝送路

　回線事業者が提供する伝送路[7]のうち、これまで使われてきた代表的なものについて、それらの特徴を表 1.1 に示します。

表 1.1　インターネット接続に利用される伝送路

固定電話（一般電話）**回線**
固定電話同士を電話番号によって、交換機が回線を接続するという金属線を使ったアナログ回線の電話網です。この伝送路に PC をつなぐためには、ディジタル信号をアナログ信号で送ることができるように変換するモデムという装置が必要になります。**モデム**（modem：modulator demodulator、変調復調装置）を使うことで、最大で 56,000bps のデータ転送が行えます。 　なお、固定電話は、金属線を使ったアナログ回線から、光通信を使ったディジタル回線の電話網に替わり、通信方式もインターネットの通信方法を使った IP 網に置き換えられます。
ISDN（Integrated Services Digital Network）
ISDN は、総合ディジタル通信網サービスとも呼ばれるように、交換機によって接続するディジタル回線です。ISDN の回線は、B チャネルと呼ばれるデータを通信するための伝送路が二つと、D チャネルと呼ばれるデータ通信を制御するための伝送路により構成されています。B チャネルのデータ転送速度は 64kbps なので、2 チャンネルをすべてデータ通信に利用すると最大で 128kbps でデータ転送を行うことができます。 　ISDN と PC はディジタル信号同士ですがインタフェース[8]が違うので、インタフェースを変換する**ターミナルアダプタ**（TA：Terminal Adapter）という装置が必要になります。
ADSL（Asymmetric Digital Subscriber Line）[9]
ADSL は、先のアナログ回線である固定電話回線を使い、アナログ通信にディジタル情報を合成（多重化）して通信を行う方式なので、電話をしながらインターネットでのデータ通信を行うことができます。データ転送速度は、インターネットから PC へのデータ伝送（**下り**、**ダウンリンク**）が 12 Mbps や 24 Mbps、40Mbps などの速度で、PC からインターネットへのデータ伝送（**上り**、**アップリンク**）が 3 Mbps や 5Mbps などの速度となっています。 　固定電話回線を使って ADSL 通信を行うためには、**ADSL モデム**という装置が必要になります。

7　アナログの固定電話回線と ISDN とアナログの専用線のサービスは、2024 年 1 月に終了となり、ADSL も 2024 年 3 月に終了が発表され 2025 年 1 月には完全終了の予定です。

8　インタフェースは、機器をつなぎ、機器間でデータのやり取りを行えるようにするものであり、インタフェースの規格ごとで、接続するコネクタの形状や通信方法が決まっています。

9　ADSL は、DSL（ディジタル加入者線）の一種で、上りと下りの通信速度が異なる非対称であることから ADSL（非対称ディジタル加入者線）と呼ばれます。ADSL や FTTH での料金は、固定電話回線のように、通話した量で課金する従量制通信料金ではなく、使った量に関係なく、一ヶ月で幾らといった金額を払う月額定額制料金となっています。

FTTH（Fiber To The Home）

FTTH は、固定電話回線で使われる金属線に替わって、一般家庭への伝送路として光ファイバーを利用するという通信方式のことです。NTT 系ではフレッツ・光、KDDI（au）ではひかり one、ソフトバンクでは Yahoo! BB 光といった名称で提供されています。データ転送速度は、最大で 100Mbps ～ 10Gbps となっています。

FTTH につなぐためには光信号と電気信号を変換するための**光回線終端装置**が必要になります。光回線終端装置で、特に家庭で利用するものを光ネットワークユニット（ONU：Optical Network Unit）といいます。

専用線

専用線は、特定の地点間を結ぶ専用の伝送路を回線事業者から定額（固定）料金で借りるもので、固定電話回線や ISDN などの伝送路とは切り離されているため、他からその伝送路内に侵入される危険性の低い伝送路です。伝送路にはアナログとディジタルがあり、ディジタルの場合、サービスによって 64kbps ～ 6Mbps まで色々なデータ転送速度を選ぶことができます。

専用線は、個人の利用ではなく、一般的には、企業が本支店間や ISP と接続するために利用されます。

移動通信（移動体通信）

移動体通信の中でスマートフォンを使って行う通信は、1G（1 世代）、2G（2 世代）、3G（3 世代）という世代で呼ばれる規格の進化を経て、現在 LTE（3.9 世代）[10]、4G（4 世代）[11]、5G（5 世代）[12] と呼ばれるものが利用されています。これらは、スマートフォンなどの利用者端末と、端末の近くにある無線アクセスを行う基地局が通信を確立し、基地局を通ってコアネットワークと呼ばれる通信網を経由して接続先につなぐ仕組みとなっています。

4G のデータ転送速度は、最大で下り 1.7Gbps・上り 131.3Mbps であり、5G のデータ転送速度は、最大で下り 4.9Gbps・上り 1.1Gbps となっており、世代を経るごとに通信速度が向上していることが分かります。

PLC（Power Line Communications）

PLC は、建物内の電力線を伝送路として使う通信で、電力線通信と呼ばれています。電気コンセントに PLC アダプタ（PLC モデム）という装置をつなぎ、電気の交流信号にディジタル信号を合成して通信する方式で、最大 240Mbps のデータ転送が行える PLC アダプタなどがあります。電力線を使うことで新たな通信ケーブルの敷設工事をする必要がないという利点がありますが、電化製品のノイズの影響を受けやすいという課題もあります。

---

10 ロング・ターム・エヴォリューション（LTE：Long Term Evolution）
11 第 4 世代移動通信システム（4G：4th Generation Mobile Communication System）
12 第 5 世代移動通信システム（5G：5th Generation Mobile Communication System）

1.2 ネットワークの代表的な形態

1.2.1 LAN と WAN

- ・LAN はビルなどの限定された範囲で構築されるネットワークである。
- ・WAN は回線事業者の専用回線などの伝送路を使って離れた場所にあるビルなどの LAN をつなぐネットワークである。

　企業では、一人が 1 台の PC を占有して利用する環境が普通になってきています。そして、各自が使うそれぞれの PC は、PC 間でデータのやり取りを行うためや、1 台のプリンタを複数の PC で共同利用するために、ネットワークでつないだ構成になっています。

　構築されるネットワークが、ビルや敷地内などの限定された範囲であるものを **LAN**（Local Area Network、ラン）といいます。LAN の場合は、ビルや土地の所有者や利用者が私設で、自由にネットワークを構築することができます。

　しかし、図 1.3 に示す会社の本店と支店といったように、離れた場所のビルや敷地にある LAN や PC をネットワークでつなぐ場合、これを勝手に行うことはできません。この場合は、回線事業者がもつ専用線などのサービスを使って接続します。この接続によって構築されるネットワークのことを **WAN**（Wide Area Network、ワン）[13] といいます。

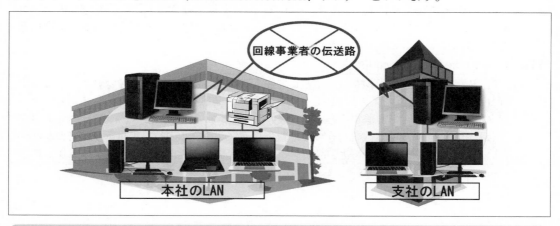

図 1.3　LAN と WAN のイメージ

13　WAN は、回線事業者の伝送路を利用していますが、図 1.3 のように本社と支社をつなぐといった場合は、その企業内に限定されたネットワークなので、インターネットではありません。企業がインターネットを利用する場合も、ISP に接続するといったことが必要となります。

1.2.2　クライアントサーバ

> ・サーバはサービスを提供する側、クライアントはサービスを受容する側の PC
> またはソフトウェアのことである。
> ・クライアントサーバシステムは、クライアントとサーバという需給関係で構成
> するシステムのことである。

　LAN や WAN を利用する理由は、先にも述べたように、企業などの組織内で情報や、プリンタなどの機器を共有するためです。このとき、図 1.4 に示すように、LAN には二つの役割をもつ PC で構成されます。それは、**クライアント**と**サーバ**と呼ばれます。クライアントとは、サービスを受容する側の PC またはソフトウェアのことで、サーバとは、サービスを提供する側の PC またはソフトウェアのことを指します。

　クライアントとサーバで構成するシステムのことを**クライアントサーバシステム**といいます。LAN 上で構築されるシステムのほとんどが、このクライアントサーバシステムです。一般に、組織の社員が利用している PC は、クライアントの位置付けとなります。

　図 1.4 のクライアント側の PC が、プリントを行う場合、**プリントサーバ**[14] にプリントを依頼することで、プリントすることができます。また、部署内で共有したい情報を**ファイルサーバ**に格納することで、LAN につながる部署内のクライアント側の PC で、その情報を共同利用することができます。

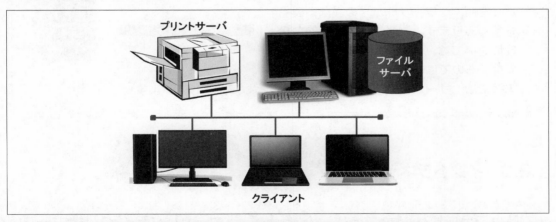

図 1.4　クライアントサーバシステムのイメージ

14　最近のプリンタは、ネットワーク機能を有しているものが多く、これらのプリンタの場合は、それ自身がプリントサーバの役割を果たすので、図 1.4 のように専用の PC を必要としません。

　ところで、クライアントサーバシステムでは、クライアント側の PC とサーバ側の PC で構成されるように説明しましたが、正確には、クライアント側の PC とは処理要求を多く出す PC であり、サーバ側の PC とは要求された処理を行うことの多い PC といった意味になります。たとえば、ファイルサーバとは、PC のことではなく、ファイルサーバという機能を果たすソフトウェアとそれを実行するシステム（**処理系**）のことを指しています。ある部署内で急にファイルを共有する必要があり、一人の社員が使っている PC にファイル共有機能を実現するソフトウェアをインストールしたとすると、その PC は、ファイルサーバの役割を果たすことのできる処理系となり、自ずと他の PC からのファイルのアクセス要求を多く受け付けることになります。したがって、他の PC にとっては、その PC はファイルサーバという位置付けになります。また、その PC 自身から、自分の中にある共有ファイルにアクセスした場合は、その PC1 台の中で、クライアントとサーバが共存することになります。

　このようにクライアントサーバシステムとは、正確には、要求を出すクライアントの処理と、その要求に対応するサーバの処理の二つの処理形態を実現するシステムということです。この処理形態を**クライアントサーバ処理**ということもあります。

💡 Tips　　サーバ用コンピュータ

・ サーバとして利用するコンピュータは、個人利用の PC と比べると処理性が高く、写真のように形状（左側：ラックサーバ、右側：タワーサーバ）の異なる製品も多くあります。ただ、その基本的な構成については、個人利用の PC と大きく異なるものではありません（したがって、本書では、サーバ用のコンピュータも PC として説明しています）。

1.2.3　イントラネット

・ Web ブラウザと Web サーバ、メーラとメールサーバはクライアントとサーバの関係である。
・ イントラネットは、インターネットで使われている技術を LAN や WAN などの企業内などの限定した範囲で利用するシステムである。

　実は、インターネットで Web ページを見るときの仕組みや、電子メールをやり取りする仕組みは、クライアントサーバ処理で実現されています。たとえば、私たちは、Web ページを見るときに、Microsoft 社が開発した Microsoft Edge、Apple 社が開発した Safari、アルファベット社が開発した Google Chrome やオープンソースソフトウェア [15] の Mozilla Firefox（モジラ ファイアフォックス）などの **Web ブラウザ**を使い、「http://www. 〜」や「https://www. 〜」といった記述の URL（Uniform Resource Locator）[16] を指定することで、目的の Web ページを見ることができます。このとき、Web ブラウザで見ている Web ページは、URL で指定されたインターネット上の場所にある **Web サーバ**が URL による要求を受け、その Web サーバがもつ Web ページを、要求のあった Web ブラウザに配信した情報です。このように、Web ページを見る仕組みは、クライアントである Web ブラウザの要求とサーバである Web サーバの処理によって構成されています。電子メールについても、**メーラ**というクライアントと**メールサーバ**というサーバによって構成されています。

　Web や電子メールといったインターネットで使われている技術を、図 1.5 に示すように、企業内などに限定した範囲で利用することを目的として、LAN や WAN 上に構築したネットワークのシステムを、**イントラネット**（Intranet）といいます。図 1.5 からも分かるように、イントラネットは、あくまでも社内などの限定された範囲であり、外部につながっていないネットワークであることに注意しましょう。

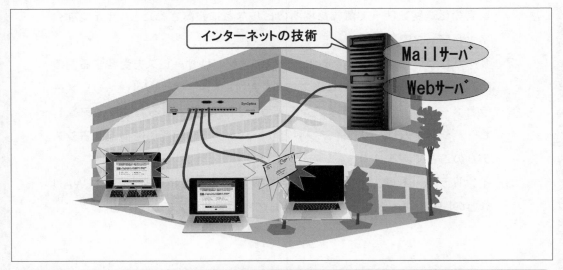

図 1.5　イントラネットのイメージ

15　オープンソースソフトウェア（OSS：Open Source Software）とは、ソフトウェアの著作者の権利を守りながらソースコードを公開して、利用の自由度を高めたライセンス（ソフトウェアの使用許諾条件）を示したソフトウェアのことです。

16　URL については、第 6 章で詳しく解説します。

この章のまとめ

1 インターネットは世界中のネットワークをつなぐネットワークであり、インターネットの接続には、回線事業者の提供する回線とプロバイダ（ISP）の接続サービスを利用する。

2 インターネット接続には、電話をかけて接続するダイヤルアップ接続と常時接続されているブロードバンド接続がある。通信の速さを表すデータ転送速度の単位は、ビット／秒（bps）である。

3 電気通信事業法という法律では、多くの場合、回線事業者は「電気通信回線設備を設置する事業者」に、ISP は「電気通信回線設備を設置しない事業者」に分類される。

4 伝送路は、連続的な波形（アナログ信号）を送るアナログ回線、不連続な波形（ディジタル信号）を送るディジタル回線に分類される。

5 回線事業者が提供する伝送路には、固定電話回線、ISDN、ADSL、FTTH、専用線、移動通信などがある。

6 LAN はビルなどの限定された範囲のネットワークであり、WAN は回線事業者の伝送路を使って離れた場所のビルなどに設置された LAN をつなぐネットワークである。

7 サーバはサービスを提供する側、クライアントはサービスを受容する側の PC またはソフトウェアのことである。Web ブラウザと Web サーバ、メーラとメールサーバはクライアントとサーバの関係である。クライアントサーバシステムは、クライアントとサーバという需給関係で構成するシステムのことである。

8 イントラネットは、インターネットで使われている技術を LAN や WAN などの閉じたネットワーク内で限定して利用するシステムである。

練|習|問|題

問題1 インターネットに接続するときの回線事業者と ISP の役割を、簡単に
説明しなさい。また、この二つの事業者に関わる法律の名称を述べな
さい。

問題2 1Mbps のデータ転送速度について、分かりやすく説明しなさい。

問題3 回線事業者が提供する FTTH と移動通信の通信方式について、その
特徴を簡単に説明しなさい。

問題4 LAN と WAN について簡単に説明しなさい。

問題5 クライアントとサーバの意味と、クライアントとサーバの関係にある
代表的なソフトウェア（または PC）の名称を挙げなさい。

問題6 イントラネットについて簡単に説明しなさい。

第2章

LAN で通信するための仕組み

学生　第 1 章で LAN のことを学びましたが、学校の PC 教室の PC は LAN でつながっているのでしょうか？

教師　いいところに気付いたね。PC 教室の PC でレポートをプリントするとき、どの PC から印刷しても、教室の隅にあるプリンタから出力されるよね。

学生　なるほど！　プリンタを共有していますよね。それに、レポートを提出するとき、先生のフォルダに入れますよね。

教師　そうだね。それが、ファイルの共有という機能を使っているんだよ。

学生　そういえば、PC 教室の PC の裏側から細長い線が出ていて、どこかにつながっていますね。これが、LAN の線でしょうか？

教師　線にまで気付きましたか。それでは、LAN について、さらに学んでいきましょう。

この章で学ぶこと

1　LAN（イーサネット）の接続方法と構成する部品について概説する。

2　イーサネットの代表的な規格名を列挙し、簡単な特徴を説明する。

3　イーサネットの通信方式（CSMA/CD）と MAC アドレスについて説明する。

4　ハブとスイッチングハブについて概説する。

2.1　LAN のつなぎ方

2.1.1　イーサネット

・ほとんどの LAN が、イーサネット（規格 IEEE 802.3）の方式である。

　複数の PC を LAN でつなぐ方法は意外に簡単で、図 2.1 に示すように NIC、LAN ケーブルとハブがあれば構築できます。これらの装置やケーブルについては後で詳しく説明しますが、この図の LAN は、現在最も普及している**イーサネット**（Ethernet、**IEEE 802.3** [17] という規格）と呼ばれる種類のネットワークです。

　イーサネットの PC 間でのデータ転送速度は、当初、10Mbps でしたが、100Mbps、1,000Mbps、10Gbps、25Gbps と、高速なデータ通信が行えるように進化しています。

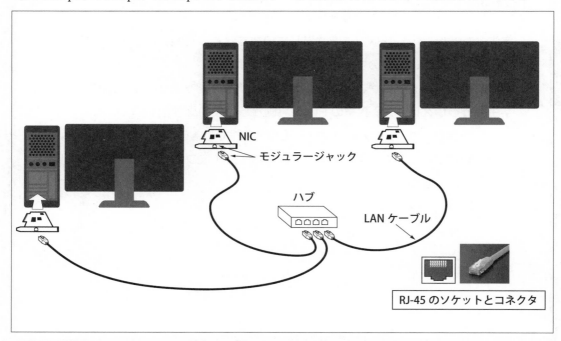

図 2.1　LAN（イーサネット）の構成例

17　IEEE（The Institute of Electrical and Electronics Engineers, Inc.）は、米国電気電子学会とも呼ばれることのある、アメリカ合衆国に本部をおく電気・電子技術に関する学会であり、電気・電子技術に関する規格を作成する活動も行っています。

2.1.2 イーサネットを構成する部品

- ・LAN は、LAN ケーブル、NIC、ハブといった部品で構成される。
- ・LAN ケーブルには RJ-45（ツイストペアーケーブル）がよく使われ、NIC（LAN カード）には MAC アドレスにより識別する仕組みがあり、ハブには LAN ケーブルをつなぐ複数のポートがある。

図 2.1 に示す LAN ケーブル、NIC、ハブといったイーサネットを構成する主要な部品について、表 2.1 に紹介します。

表2.1　イーサネットを構成する代表的な部品

LAN ケーブル

　PC をネットワークにつなぐためのケーブルを LAN ケーブルといいます。LAN ケーブルには色々な種類がありますが、写真のケーブルは、現在最も多く利用されているケーブルで、両端には、PC やハブと接続するために、RJ-45 と呼ばれるコネクタが付いています。
　このケーブルは、ケーブルの保護カバーの中に、図のように、二つの導線がよられた状態で入っているので**ツイストペアーケーブル**（Twisted Pair Cable、より対線）[18] と呼ばれます。

NIC（Network Interface Card）

　NIC は、イーサネットでのデータ通信を行うための装置で、LAN カード（LAN アダプタ）とも呼ばれることもあります。NIC は、PC の機器の拡張を行うカードスロットに装着して利用します。写真からも分かるように、この NIC には LAN ケーブルを接続するための RJ-45 のソケットが付いています。ただ、最近の PC はネットワークの利用が当たり前になってきているので、すでに NIC の機能を内蔵しています。
　NIC またはイーサネット機能を内蔵した PC には、それぞれ異なる **MAC**（Media Access Control）**アドレス**（**物理アドレス**）と呼ばれる固定の番号（48 ビットの符号）が付いています。この番号によって、ネットワークにつながれた PC（実際には PC に装着された NIC）が識別できる仕組みとなっています。

18　ツイストペアーケーブル（正式には、ツイステッド・ペア・ケーブル）には、カテゴリ 5（CAT5）やカテゴリ 6（CAT6）、カテゴリ 7（CAT7）といった種類があり、1,000Mbps といったデータ転送速度で利用する場合はカテゴリ 5 以上を使う必要があります。現在は、ほとんどカテゴリ 5 以上の製品となっています。

ハブ（HUB）

ハブは、図 2.1 からも分かるように、複数の PC を接続するためにたくさんの RJ-45 のソケットが並んでおり、接続された PC 同士でデータ通信を行うことができます。すなわち、ある PC から流れてきたデータを、ハブにつながっているその他の PC に流すという役割をはたします。

それぞれのソケットを**ポート**と呼びます。写真のハブは 8 ポートのハブですが、製品によっては、4 ポートや 16 ポート、32 ポートといったものがあります。

2.1.3　イーサネットの種類

・イーサネットには、10BASE-T や 100BASE-TX、1000BASE-T といった種類の規格がある。
・規格名によってデータ転送速度やケーブルの種類などが異なる。

　図 2.1 に示したイーサネットには、10BASE-T [19] や 100BASE-TX（Fast Ethernet）、1000BASE-T（Gigabit Ethernet）、10GBASE-T（10Gigabit Ethernet）と呼ばれる種類があり、現在最も普及しています。ただ、イーサネットには、他にも表 2.2 に示すように色々な種類があります。

表 2.2　イーサネットの代表的な種類 [20]

規格名	IEEE の規格	転送速度	ケーブル	距離
10BASE2	IEEE802.3a	10Mbps	直径 5mm の同軸ケーブル	185m
10BASE5	IEEE802.3	10Mbps	直径 12mm の同軸ケーブル	500m
10BASE-T	IEEE802.3i	10Mbps	ツイストペアーケーブル（CAT3）	100m
100BASE-TX	IEEE802.3u	100Mbps	ツイストペアーケーブル（CAT5）	100m
100BASE-FX	IEEE802.3u	100Mbps	マルチモード光ファイバケーブル	2,000m
1000BASE-T	IEEE802.3ab	1,000Mbps	ツイストペアーケーブル（CAT5）	100m
1000BASE-SX	IEEE802.3z	1,000Mbps	マルチモード光ファイバケーブル	550m
1000BASE-LX	IEEE802.3z	1,000Mbps	シングルモード光ファイバケーブル	5,000m
2.5GBASE-T 5GBASE-T	IEEE802.3bz	2.5Gbps	ツイストペアーケーブル（CAT6）	100m

---

19　10BASE-T のベース（BASE）とは、ベースバンド通信方式のことを指しています。ベースバンド通信方式とは、図 1.2 で示したディジタル信号を伝送する方式です。

20　表 2.2 の距離は、1 本のケーブルで伝送できる最大の長さを示しています。

10GBASE-T	IEEE802.3an	10Gbps	ツイストペアーケーブル（CAT7）	100m
10GBASE-SR	IEEE802.3ae	10Gbps	マルチモード光ファイバケーブル	850m
10GBASE-LR	IEEE802.3ae	10Gbps	シングルモード光ファイバケーブル	10km
25GBASE-SR	IEEE802.3by	25Gbps	マルチモード光ファイバケーブル	100m
25GBASE-LR	IEEE802.3cc	25Gbps	シングルモード光ファイバケーブル	10km

　各イーサネットの種類の名称（規格名）は、表2.2からも推測できるように、

10 BASE-T

データ転送速度　　　　ケーブルの種類

というように、10は10Mbpsという速度、Tはツイストペアーケーブルというケーブルの種類を表しています。

　10BASE2と10BASE5では伝送路として、図2.2に示す同軸ケーブルを使っています。ただ、この二つの規格は、初期のイーサネットの規格で、現在は使われていません。

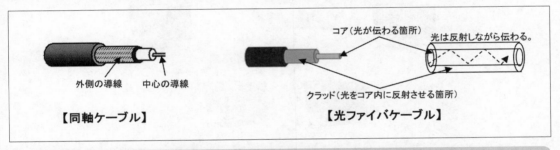

コア（光が伝わる箇所）　光は反射しながら伝わる。

外側の導線　中心の導線

クラッド（光をコア内に反射させる箇所）

【同軸ケーブル】　　　　　　　【光ファイバケーブル】

図2.2　同軸ケーブルと光ファイバケーブルのイメージ

　100BASE-FX、1000BASE-SX、1000BASE-LX、10GBASE-SR、10GBASE-LRなどでは伝送路として、図2.2に示す光ファイバケーブルを使っています。光ファイバケーブル[21]を使うイーサネットは、データ転送速度が速くて長距離の通信が可能ですが、その設備がツイストペアーケーブルのものと比べ高価なため、ビルの各フロアーをつなぐ基幹のネットワークなどに利用されることが多いようです。

21　マルチモード光ファイバ（MMF）ケーブルは、コアが太くて曲げに強いので扱いやすのですが、通信距離が長くありません。シングルモード光ファイバ（SMF）ケーブルは、コアが細くて曲げに弱く高価なのですが、通信距離が長いといった特徴をもっています。

2.1.4　イーサネットの接続形態

・ネットワークのトポロジには、スター型とバス型とリング型がある。
・イーサネットはスター型とバス型であり、10BASE-T や 100BASE-TX、
1000BASE-T、40GBASE-T はスター型で構成される。

　10BASE-T や 100BASE-TX、1000BASE-T、10GBASE-T は、図 2.3 に示すようにハブを中心としてたこ足に接続します。この接続の形状を**スター型**といいます。また、接続の形状のことを**トポロジ**（topology、ネットワークトポロジ）といいます。

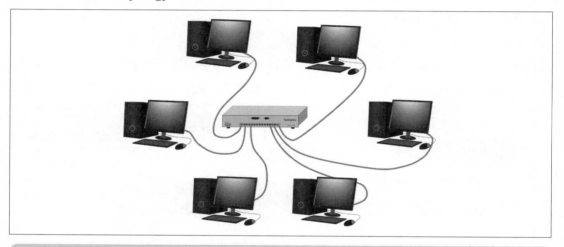

図 2.3　スター型

　トポロジの代表的な種類として、スター型以外に、図 2.4 に示すバス型とリング型があります。**バス型**は一本の基幹線に PC をつなぐ形状で、**リング型** [22] は環状の基幹線に PC をつなぐ形状です。10BASE2 と 10BASE5 は、図 2.4 に示すバス型の接続をします。リング型の接続を行うネットワークにはトークンリング方式があります。**トークンリング方式** [23] は、イーサネットとは異なる種類で、IEEE 802.5 として規格化されています。現在は、あまり使われていません。

22　イーサネットの他に、光ファイバケーブルを使った 100Mbps の通信が可能な LAN 規格の一つである FDDI（Fiber-Distributed Data Interface）があり、リング型のトポロジであるトークンリング方式を採用しています。ただ、現在では利用されなくなっています。

23　トークンリング（Token Ring）方式とは、環状に PC がつながっており、その環の中をトークンと呼ばれる情報が巡回しています。PC が通信を行うときには、このトークンを取得してから行い、終了するとトークンを戻すという通信方式です。トークンは一つしかないので、環の中でデータが衝突することなく通信を行うことができます。

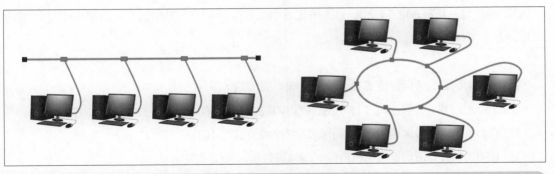

図 2.4　バス型とリング型

2.1.5　無線 LAN

・無線 LAN は、無線によりアクセスポイント（無線 LAN 親機）と PC に接続した無線 LAN 子機との間で通信する。

・無線 LAN の規格（IEEE802.11）には、IEEE 802.11a や IEEE802.11b などの種類があり、これらの規格での通信を Wi-Fi と呼ぶ。

　ケーブルを使う有線 LAN の他に、ケーブルの替わりに無線を使って通信を行う無線 LAN が普及しています。**無線 LAN** とは、図 2.5 に示すように、**アクセスポイント**（無線 LAN 親機）と呼ばれる装置と、PC に接続した無線 LAN 子機との間で、無線を使って通信を行う方法です。現在のノート PC やスマートフォンは、無線 LAN 子機の機能を標準で搭載しているので、直接アクセスポイントに接続できます。デスクトップ型の PC では、無線 LAN 子機の機能がないものもあり、その場合は、図 2.5 のような USB 型の無線 LAN 子機を接続して利用します。

図 2.5　無線 LAN の利用イメージ

　無線 LAN は、**IEEE802.11** として規格化されています。IEEE802.11 の規格の中で代表的な種類としては、

- IEEE802.11a：通信速度 54Mbps、無線の周波数 5GHz
- IEEE802.11b：通信速度 11Mbps、無線の周波数 2.4GHz
- IEEE802.11g：通信速度 54Mbps、無線の周波数 2.4GHz
- IEEE802.11n：通信速度 600Mbps、無線の周波数 2.4GHz
- IEEE802.11ac：通信速度 433Mbps 〜 6.93Gbps、無線の周波数 5GHz
- IEEE802.11ax：通信速度 9.6Gbps、無線の周波数 2.4GHz または 5GHz

といったものがあります（通信速度は最大値を表しています）。

　IEEE 802.11a と IEEE802.11b と IEEE802.11g の規格に準拠した装置で、装置間の通信の互換性が認められたものを **Wi-Fi**（ワイファイ）と呼びます。さらに、IEEE802.11n は Wi-Fi4、IEEE802.11ac は Wi-Fi5、IEEE802.11ax は Wi-Fi6 というように、新たな Wi-Fi の規格になっています。駅や空港、ファストフード店や新幹線の車内などの人が集まる場所に、Wi-Fi の無線 LAN アクセスポイントが設置されることが多くなってきており、ノート PC やスマートフォンをもっていると、その場所でインターネットが利用できるようになってきました。

💡 Tips　　Hz（ヘルツ）

- Hz は、電波などの規則性のある波の数（周波数）を表す単位で、2.4GHz の場合は、1 秒間に 1 周期の波が 24 億回発生することを表しています。

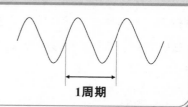

1周期

2.2 LAN での通信の仕組み

2.2.1 カスケード接続

・ハブ同士をつなぎ、複数の LAN をつなぐことをカスケード接続という。

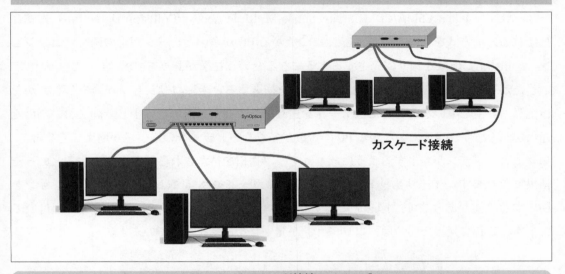

カスケード接続

図 2.6 カスケード接続のイメージ

　ハブを使った LAN（イーサネット）では、図 2.6 に示すように、各ハブにつながる LAN を、さらに、ハブ同士をつなげることで、大きな LAN を構築することができます。

　この接続方法は**カスケード接続**（多段接続）と呼ばれ、ハブには、一般的に、カスケード接続をするための専用のカスケードポートが付いている製品が多くあります。ただ、カスケード接続により、一つの LAN にあまりたくさんの PC をつないでしまうと、LAN の伝送路上を行き来するデータが多くなり、伝送路上でデータ同士が衝突して、通信に時間がかかってしまう [24] といったことが起きる可能性があります。

24　カスケード接続では、カスケード接続するハブの段数が増えると、衝突（コリジョン）によって通信の遅延が増大します。10BASE-T で 4 段、100BASE-TX で 2 段までという制限があります。スイッチングハブの場合は、段数の制限はありません。

2.2.2 CSMA/CD 方式

> ・イーサネットの通信方式は、CSMA/CD 方式である。この方式は、データを
> 転送するときにコリジョン（データの衝突）の発生を検出し、発生した場合は
> 少し待って再送信を試みる方式である。

イーサネットは、**CSMA/CD**（Carrier Sense Multiple Access/Collision Detection）**方式**と呼ばれる通信方式をとっており、LAN につながる PC が多いとデータ同士の衝突（**コリジョン**、collision）現象が頻繁に発生するようになるという特徴があります。

したがって、CSMA/CD 方式では、データを転送するときにコリジョンが発生しないかを検出し、発生していないときにはデータを送り出し、発生した場合は少し時間をおいて再度通信を試みます。LAN につながる PC の台数が多くなるとデータの送信量が増えてくるので、頻繁にコリジョンが発生するようになり、データ送信を待たされる時間が増大するといった結果になります。イーサネットを構成する LAN カードやハブには、実際に、コリジョンを検出する機能があります。図 2.7 に示すハブの写真に Col と書かれた LED ランプが付いています。これが光った場合は、コリジョンが発生したことを示しています。

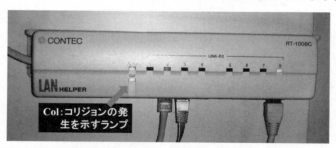

図 2.7　ハブのコリジョンを示すランプ

2.2.3 イーサネットと MAC アドレス

> ・イーサネットのデータは、イーサネットフレーム（MAC フレーム）という形
> 式で転送され、あて先と送信先の MAC アドレスが付いている。
> ・ハブは単純に、つないでいるすべての PC にデータ（イーサネットフレーム）
> を転送する。スイッチングハブは、MAC アドレステーブルを使って目的の
> PC だけに転送する。

・リピータは LAN 同士を単純につなぐ装置である。ブリッジは LAN 同士をつなぎ、アドレスにより通信を制御する装置である。

(1) イーサネットフレームと MAC アドレス

イーサネットのデータ転送では、データを**イーサネットフレーム**（MAC フレーム）という形式で送ります。このフレームにはデータの長さに制限があり、最短が 64 バイトで、最長が 1,518 バイトです。したがって、データの長さが 1,500 バイト（データ以外の情報が 18 バイトあるため）よりも大きい場合は、複数のフレームに分けて転送します。

図 2.8 は、イーサネットフレームの形式を表しています。先頭の 8 ビットは、データを受信する PC に受信の準備をさせるための領域[25]なので、イーサネットフレームの領域には入りません。イーサネットフレームの領域の中で、データ以外の情報としては、

あて先 MAC アドレス：あて先となる PC（LAN カード）のアドレス
送信元 MAC アドレス：送信した PC（LAN カード）のアドレス
タイプ：上位層のプロトコルの情報[26]
FCS（Frame Check Sequence）：通信エラーを検出するための情報

があります。

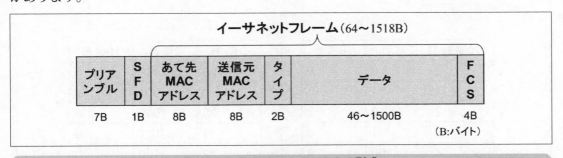

図 2.8 イーサネットフレームの形式

---

25 **プリアンブル**と **SFD** の 8 バイトは通信が開始することを伝える情報で、プリアンブルでは 1 と 0 の連続する「10101010」が 7 バイト分続き、その次には、通信が開始する印となる SFD（Start Frame Delimiter、スタート・フレーム・デリミタ）の「10101011」という 1 バイトが続きます。

26 **タイプ**の「上位層のプロトコルの情報」とは、具体的には IP や ARP といったプロトコルの種類を示す情報で、IPv4 は 16 進数 0800、ARP は 16 進数 0806 という情報がタイプに記されます（IP、ARP については、第 3 章で説明します）。
FCS には、あて先、送信元 MAC アドレスとタイプの値に対する誤り検出符号（CRC）を求めた値が記されます。

イーサネットフレームを受け取った PC（LAN カード）は、自分の MAC アドレスとイーサネットフレームに書かれたあて先 MAC アドレスが等しいかを確認し、等しい場合はデータを受信し、等しくない場合はデータを破棄します。

💡 Tips　MAC アドレス

・自分の PC のネットワークの設定情報を見ると、値は PC（LAN カード）ごとで異なりますが、12-34-56-78-9A-BC または 12:34:56:78:9A:BC という形式で記載された MAC アドレス（物理アドレス）を確認することができます。MAC アドレスは、48 ビットの情報を、6 個の 8 ビットに分け、それぞれを 16 進数 2 桁で表現し、それを "-" または ":" で区切った形式で表記します。前半の 6 桁が製品の販売会社の番号で、後半の 6 桁がその会社の製品を区別する番号となっています。

💡 Tips　2 進数、10 進数、16 進数

・次に示す表は 10 進数と 2 進数と 16 進数の対応を表しています。
・2 進数は、0 と 1 で表現される数なので、表のように、1 の次の数は 10 となります。
・16 進数は、0 〜 F までの 16 個の数で表現されるので、ちょうど 2 進数 4 桁が 16 進数 1 桁で表現できます。したがって、8 ビットの 2 進数は 16 ビット 2 桁で表現できます。

10進数	2進数	16進数
0	0	0
1	1	1
2	10	2
3	11	3
4	100	4
5	101	5
6	110	6
7	111	7

10進数	2進数	16進数
8	1000	8
9	1001	9
10	1010	A
11	1011	B
12	1100	C
13	1101	D
14	1110	E
15	1111	F

(2) ハブと MAC アドレス

　ハブは、図 2.9 に示すように、PC から届いたデータ（イーサネットフレーム）を単純に
つながっているすべての PC へ送信します。受け取った各 PC（LAN カード）は、そのデー
タのあて先 MAC アドレスが自分のアドレスであるかを確認して、受け取るかどうかを判断
します。

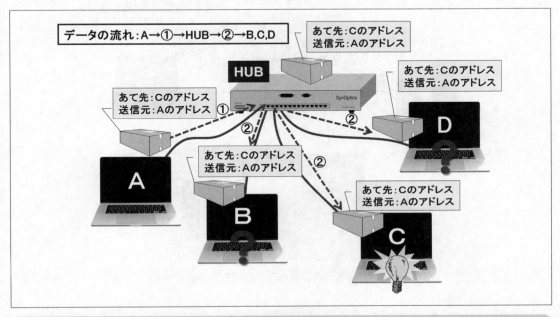

図 2.9　ハブの通信方法のイメージ

　このように、ハブは受け取ったデータをすべての PC に垂れ流し的に転送するので、通信
データが増加すると、コリジョンの発生が頻繁になってしまいます。この垂れ流し的な転送
を回避するために、現在、ほとんどのハブの製品は、スイッチングハブと呼ばれるものになっ
ています。

　スイッチングハブ[27]（**L2 スイッチ**）は、図 2.10 に示すように、各ポートにつながっている
PC の MAC アドレスを記録した **MAC アドレステーブル**をもっています。スイッチングハブ
にデータが届いたとき、そのデータのあて先 MAC アドレスを MAC アドレステーブルで調べ、
一致する PC のつながっているポートにだけデータを流す仕組みとなっています。これによっ

27　スイッチングハブのことを、レイヤ 2 スイッチ（L2 スイッチ）といいます。第 5 章で説明しますが、
　　通信方式を七つの階層に分けた OSI 参照モデルで、MAC アドレスは第 2 階層（レイヤ 2）に位置付
　　けられるので、MAC アドレスを認識するスイッチングハブは、レイヤ 2 スイッチと呼ばれます。スイッ
　　チングハブは、イーサネットフレームが送られると、その送信元 MAC アドレスの情報により、MAC
　　アドレスを MAC アドレステーブルに記録していきます。この動作をラーニングといいます。

て、無駄なデータ転送がなくなるため、コリジョンの減少に役立ちます。

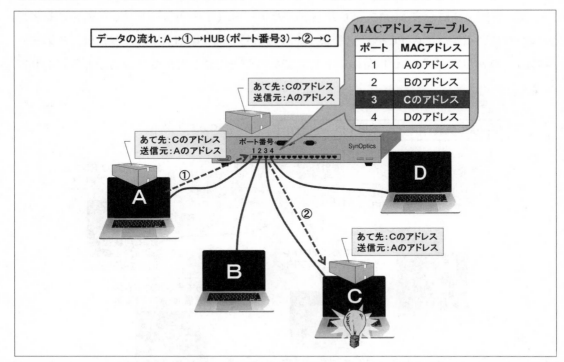

図 2.10　スイッチングハブの通信方法のイメージ

(3) その他の接続装置

　ハブと同じように、イーサネットを構築する装置としてリピータやブリッジがあります。**リピータ**[28] は、図 2.11 に示すように、離れた LAN 同士を中継してつなぐ装置です。リピータは、通信される信号を増幅して遠くまで送る機能を有しますが、信号を単純に送り出すだけの装置なので、相互の LAN の通信方式が異なる場合、つなぐことはできません。

　ハブもリピータの一種であり、**リピータハブ**と呼ばれることがあります。事実、現在では、1000BASE-T や 10GBASE-TX、10GBASE-T のスター型のイーサネットが主流なので、リピータはハブのことを指す場合が多くなっています。

　ブリッジ[29] も、LAN 同士を接続する装置ですが、リピータと違う点は、双方のアドレスを判断し、データを中継するかどうかの判断を行うといった点です。したがって、スイッチングハブもブリッジの一種といえます。

28　リピータは、通信方式を七つの階層に分けた OSI 参照モデル（第 5 章で説明）で、第 1 層の物理的にネットワークを構築するための装置と位置付けられます。

29　ブリッジは、OSI 参照モデルで、第 2 層のデータをリンクするための装置と位置付けられます。

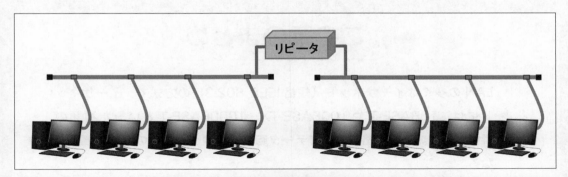

図 2.11　リピータの接続イメージ

　先にも述べたように、イーサネットは、100BASE-TX や 1000BASE-T、10GBASE-T のスター
型の方式で構築することが主流となっているので、リピータとハブの関係と同じように、ブ
リッジの役割は、スイッチングハブによって行われています。

この章のまとめ

1　LAN の多くはイーサネット（規格 IEEE 802.3）の方式で、イーサネットには、10BASE-T や 100BASE-TX、1000BASE-T といった種類の規格がある。その規格によってデータ転送速度やケーブルの種類などが異なる。

2　LAN は、RJ-45（ツイストペアーケーブル）などの LAN ケーブル、MAC アドレスにより識別する仕組みをもつ NIC（LAN カード）またはそれを内蔵した PC、LAN ケーブルをつなぐ複数のポートをもつハブにより構成される。

3　ネットワークのトポロジにはスター型とバス型とリング型があり、イーサネットはスター型とバス型で、100BASE-TX や 1000BASE-T、10GBASE-T はスター型で構成される。

4　無線 LAN は、アクセスポイント（無線 LAN 親機）と PC に内蔵または接続した無線 LAN 子機との間で通信する。無線 LAN の規格には、IEEE 802.11a や IEEE802.11b などがあり、これらの規格での通信を Wi-Fi と呼ぶ。

5　ハブ同士をつなぎ、複数の LAN をつなげることをカスケード接続という。

6　イーサネットの通信方式は、データを転送するときにコリジョンの発生を検出し、発生した場合は少し待って再送信をするという CSMA/CD 方式である。

7　イーサネットのデータは、イーサネットフレーム（MAC フレーム）という形式で転送され、あて先と送信先の MAC アドレスが付く。

8　ハブは単純に、つながっているすべての PC にデータ（イーサネットフレーム）を転送する。スイッチングハブは、MAC アドレステーブルを使って目的の PC だけに転送する。

9　リピータは LAN 同士を単純につなぐ装置である。ブリッジは LAN 同士をつなぎ、アドレスにより通信を制御する装置である。

練|習|問|題

問題1　LAN（イーサネット）の接続に利用する基本的な三つの部品とその
　　　　特徴を、簡単に説明しなさい。

問題2　イーサネット（規格 IEEE 802.3）の規格である 1000BASE-T と
　　　　10GBASE-T と 10GBASE-SR のそれぞれについて簡単に特徴を説
　　　　明しなさい。

問題3　Wi-Fi と呼ばれる無線 LAN で利用される規格名を二つ述べなさい。

問題4　イーサネットの通信方式である CSMA/CD 方式について、簡単に説
　　　　明しなさい。

問題5　イーサネットフレームと MAC アドレスの関係を簡単に説明しなさい。

問題6　ハブとスイッチングハブの違いを簡単に説明しなさい。

第3章

インターネット通信の仕組み 1
─IPアドレス

学生　学校の PC 教室の PC が LAN でつながっていることは分かったのですが・・・

学生　でも、学校の PC から外部の Web ページや YouTube が見れるということは、インターネットにもつながっているんですよね?

教師　また、いいところに気付いたね。その通りです。

学生　ということは、イーサネットとインターネットがつながっているということでしょうか?

教師　そうです。

教師　それでは、インターネットに接続する方法について説明しましょう。インターネットの通信方法は、重要な話なので、しっかりと学んでいきましょう。

学生　はーい!

この章で学ぶこと

1　グローバルアドレスとプライベートアドレスの意味について説明する。

2　サブネットマスクと CIDR 表記によってネットワークアドレスを求める。

3　IP パケットとイーサネットフレーム及びそれらの関係を説明する。

4　IPv6 と IPv4 の違いについて概説する。

3.1　IP アドレスの仕組み

3.1.1　インターネットプロトコル

・通信プロトコルは、通信を行う方法の取り決めのことであり、インターネットの通信プロトコルは、インターネットプロトコル（IP）という。
・IP アドレスは、インターネットに参加する PC を識別するためのもので、32 ビットの符号で表される。

(1) 通信プロトコル

　第 2 章で、イーサネットのデータ通信では、データをイーサネットフレームという形式にして送り、その中に MAC アドレスが記録されているので、間違いなく目的の PC と通信できるといった話を紹介しました。このように、通信には、その通信の方式が決まっており、この取り決めのことを**通信プロトコル**[30]（一般には、**プロトコル**ということが多い）といいます。

　ここでは、イーサネットやイーサネット以外のネットワークの間をつなぐための通信方式である**インターネットプロトコル**[31]（**IP**：Internet Protocol）について紹介します。当然、この名の通り、この通信方式はインターネット接続に利用される方式です。

(2) IP アドレス

　イーサネットで PC（LAN カード）を識別するために MAC アドレスがあったように、インターネットプロトコルでもネットワークに参加する PC を識別するために IP アドレスがあります。**IP アドレス**[32] は、図 3.1 に示すように 32 ビット、すなわち 4 バイト（通信の分野では、バイトの単位を**オクテット**（Octet）ということが多い）の符号で表現されます。

　図 3.1 の IP アドレスの値は、2 進数で「11001011 00000000 01110001 00010111」です。これを、そのまま 2 進数で表現すると人間にとって扱いづらいので、一般的に、1 オクテット（1 バイト）ごとを、10 進数に変換して、それぞれをピリオド（.）で区切って、図の「203.0.113.23」という表現にして扱います。したがって、各オクテットの値は 2 進

30　通信プロトコルとは、通信を行うときの決まりの集まりで、データの形式だけではなく、通信の手順など、通信を行うときに決めておかなければならない規約集のようなものです。

31　インターネットプロトコルは、本来は、方式の異なるネットワーク間をつなぐ通信方式として誕生しました。

32　図 3.1 の 32 ビットの IP アドレスの場合、アドレスの数は 2^{32}、すなわち、最大で 4,294,967,296、約 43 億個となります。世界中で利用するには数が少ないため、さらに大きなアドレスを使える新しい IP の規格である IPv6 ができあがっています。これに対して、これまでの規格を IPv4 といいます。

数の 00000000 〜 11111111 の範囲に対応する 10 進数の 0 〜 255 の範囲となるので、
IP アドレスの全範囲は、0.0.0.0 〜 255.255.255.255 となります。

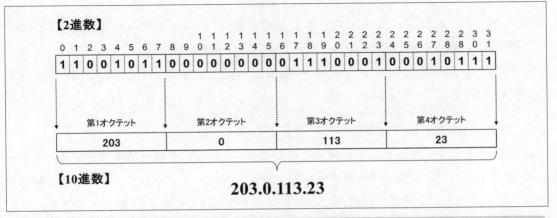

【2進数】

| 0 | 1 | 2 | 3 | 4 | 5 | 6 | 7 | 8 | 9 | 1 0 | 1 1 | 1 2 | 1 3 | 1 4 | 1 5 | 1 6 | 1 7 | 1 8 | 1 9 | 2 0 | 2 1 | 2 2 | 2 3 | 2 4 | 2 5 | 2 6 | 2 7 | 2 8 | 2 8 | 3 0 | 3 1 |

1 1 0 0 1 0 1 1 0 0 0 0 0 0 0 0 0 0 0 1 1 1 0 0 0 1 0 0 0 1 0 1 1 1

第1オクテット	第2オクテット	第3オクテット	第4オクテット
203	0	113	23

【10進数】

203.0.113.23

図 3.1　IP アドレス例とその形式 [33]

Tips　2進数を10進数に変換

・2 進数の 1、10、100 といった各先頭の位が 1 である値は、次の表のように、それぞれ 2^0、2^1、2^2 という 2 のべき乗数に対応します。したがって、2 進数 11001011 の場合、2 進数 10000000、1000000、1000、10、1 の足し算に分解できるので、これらに対応する 2 のべき乗 2^7、2^6、2^3、2^1、2^0 を計算し、それらを合計した 10 進数 203 となります。

【2進数を各位の加算に分解】
11001011
＝10000000＋1000000＋1000＋10＋1

【2進数の各位に対応する2のべき乗数に置換】
$2^7＋2^6＋2^3＋2^1＋2^0$
＝128＋64＋8＋2＋1
＝203

2のべき乗	2進数	10進数
2^0	1	1
2^1	10	2
2^2	100	4
2^3	1000	8
2^4	10000	16
2^5	100000	32
2^6	1000000	64
2^7	10000000	128

33　本書でも IP アドレスを表記する場合、基本的には、オクテットごとに 10 進数で表現した方法を使います。

3.1.2 IP アドレスの区分

> ・IP アドレスには、インターネットで通用するグローバルアドレスと社内などの
> 限定した範囲で使うプライベートアドレスの二種類がある。
> ・IP アドレスの範囲を、クラス A ～ C の三つに区分するアドレスクラスという
> 分類がある。

(1) グローバルアドレスとプライベートアドレス

　IP アドレスには、IP アドレスが利用できる範囲によって、**グローバルアドレス**（グローバル IP アドレス）と**プライベートアドレス**（プライベート IP アドレス）の二つに分類されます。図 3.2 に示すように、組織内のネットワークの範囲で利用する IP アドレスが、プライベートアドレスで、インターネット（外のネットワーク）で利用する IP アドレスが、グローバルアドレスです。

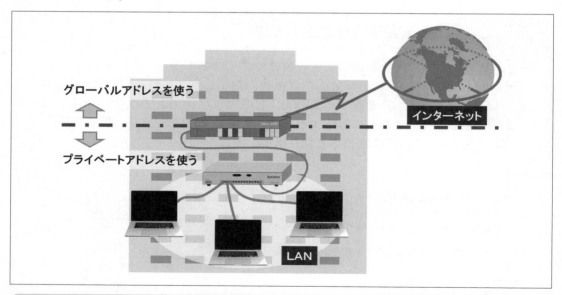

図 3.2　グローバルアドレスとプライベートアドレスのイメージ

　プライベートアドレスとして利用できる IP アドレスは、表 3.1 の範囲に示した値に決まっています。したがって、ある組織内に限定されたネットワークにつながる各 PC に IP アドレスを割り振る場合は、表 3.1 に示される範囲のアドレスを使うことになります。

表3.1　プライベートアドレスとして利用できるアドレス

クラス	範囲	アドレス数
クラスA	**10**.0.0.0〜**10**.255.255.255	16,777,216個の範囲が1種類
クラスB	**172.16**.0.0〜**172.16**.255.255 **172.17**.0.0〜**172.17**.255.255 ⋮ **172.31**.0.0〜**172.31**.255.255	65,536個の範囲が16種類
クラスC	**192.168.0**.0〜**192.168.0**.255 **192.168.1**.0〜**192.168.1**.255 ⋮ **192.168.255**.0〜**192.168.255**.255	256個の範囲が256種類

　もし、組織内の PC の台数が 200 台であったとすると、それらの PC にプライベートアドレスを割り振るには、200 個のアドレスが必要となります。このとき、クラス C と書かれた欄にある一つの範囲、たとえば、2 番目の範囲を選ぶと 192.168.1.0 〜 192.168.1.255 の 256 個[34] のアドレスがあるので、この範囲にあるアドレスを使えば、200 台の PC に別々の IP アドレスを割り振ることができます。表のクラス C の欄には、256 個のアドレスをもつ範囲が、192.168.**0**.X、192.168.**1**.X、…、192.168.**255**.X（X は、0 〜 255 の値をとる）の 256 種類あるので、クラス C を使う場合は、この 256 種類の中から選びます。アドレスを割り振る台数が多く、クラス B を使う場合は、表の 16 種類の中から一つを選ぶことになります。さらに多い場合はクラス A を選びます。

　グローバルアドレスは、表 3.1 に示されたプライベートアドレス以外の値が、すべてグローバルアドレスとなります。そして、その値のアドレスは、インターネット上で通用するアドレスということです。ただ、このグローバルアドレスは、**ICANN**[35]（The Internet Corporation for Assigned Names and Numbers、アイキャン）という 1998 年に設立された民間の非営利法人が管理しているので、勝手に使うことはできません。なお、プライベートアドレスは組織の外部に出ることがないので、届けることなく自由に使えます。

34　後で説明しますが、192.168.1.0 〜 192.168.1.255 の範囲のアドレス内で、最初の 192.168.1.0 と最後の 192.168.1.255 は、特別な意味をもつので、PC に割り振ることはしません。したがって、この範囲で自由に割り振れるアドレスの個数は、256 − 2 ＝ 254 となります。

35　日本では、ICANN の下部組織である、日本ネットワークインフォメーションセンター（通称：JPNIC）がグローバルアドレスを管理しています。

(2) アドレスクラスによる分類

　ところで表 3.1 は、クラス A、クラス B、クラス C というように分類されていました。こ
れは**アドレスクラス**といわれる IP アドレスの範囲を表す分類方法で、第 1 ～第 3 までのオ
クテットの区分を使って分類します。

クラス A：第 1 オクテットの値だけを固定したアドレスの範囲を指します。たとえば、
　　　　　　10.X.X.X というように、第 1 オクテットの値だけが固定され、それ以外の 3 区
　　　　　　分は、それぞれ 0 ～ 255 の値を自由にとることができるので、その範囲に入る
　　　　　　アドレスの数は 16,777,216 個となります。

クラス B：第 1 と第 2 オクテットの値を固定したアドレスの範囲を指します。たとえば、
　　　　　　172.16.X.X というように、第 1 と第 2 オクテットの値だけが固定され、それ以
　　　　　　外の 2 区分は、それぞれ 0 ～ 255 の値を自由にとることができるので、その範
　　　　　　囲に入るアドレスの数は 65,536 個となります。

クラス C：第 4 オクテット以外の値をすべて固定したアドレスの範囲を指します。たとえば、
　　　　　　192.168.2.X というように、第 1 ～第 3 オクテットの値だけが固定され、第 4
　　　　　　オクテットの区分だけが 0 ～ 255 の値を自由にとることができるので、その範
　　　　　　囲に入るアドレスの数は 256 個となります。

3.1.3　ネットワークアドレスとホストアドレス

・ネットワークアドレスによって、同じネットワークに属するアドレスかどうか
　を判断でき、ホストアドレスによって、そのネットワーク内で割り振られたど
　の PC のアドレスかを特定できる。
・ネットワークアドレスの範囲を表記する方法に、サブネットマスクと CIDR が
　ある。
・同じネットワーク（サブネットワーク）に一斉にデータ転送するためのアドレ
　スをブロードキャストアドレスという。

(1) ネットワークアドレスとホストアドレス

　先に、ある組織内の PC に、クラス C の 192.168.1.0 ～ 192.168.1.255 の範囲のアドレ
スを割り振る例を示しました。このとき、PC に割り振られるアドレスは、当然ながら第 1
～ 3 オクテットまでは、固定の値 "192.168.1" で、残りの第 4 オクテットだけが 0 ～ 255

と変化します。

　ということは、この組織内のアドレスであるかどうかは、第1〜3オクテットまでの値 "192.168.1" によって判断することができます。すなわち、図3.3に示すように、192.168.1.X のネットワークの組織 a と 192.168.2.X のネットワークの組織 b がつながっていたとき、IPアドレスが 192.168.1.2 の PC は、固定部分の値 "192.168.1" が同じである、図の左側の組織 a にあることが分かります。このように、同じネットワークに属するアドレスかどうかを判断する値を**ネットワークアドレス**といい、それ以外の部分は、そのネットワーク内の PC を特定するのに利用する値となるので、**ホストアドレス**といいます。また、ネットワークアドレスを表す部分を**ネットワーク部**（ネットワークアドレス部）、ホストアドレスを表す部分を**ホスト部**（ホストアドレス部）といいます。

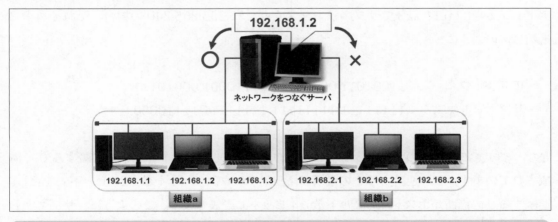

図 3.3　IPアドレスによるネットワークの区別

　各クラスでのネットワーク部は、図3.4に示すように、クラス A が第1オクテットの部分、クラス B が第1、2オクテットの部分、クラス C が第1〜3オクテットの部分となり、それ以外の箇所がホスト部となります。

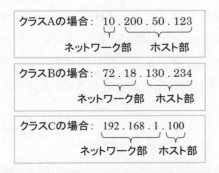

図 3.4　ネットワーク部とホスト部

(2) サブネットマスク

　ところで、グローバルアドレスを世界中のインターネットを利用する組織に、クラス A、クラス B やクラス C といったオクテット単位の大きな区分で割り振ってしまうと、クラス C であっても一つの組織に 256 個の IP アドレスを与えることになり、IP アドレスの数が足りなくなってしまいます。これを **IP アドレス枯渇問題** といいます。

　そこで、もう少し細かな区分で IP アドレスの範囲を区切る方法が考え出されました。それが、**サブネットマスク** と **CIDR**（Classless Inter-Domain Routing、サイダ）と呼ばれる表記方法です。

　サブネットマスクによる表記方法では、IP アドレスの他にサブネットマスクという値を決めておき、図 3.5 に示す方法で、ネットワーク部とホスト部を判断します。たとえば、IP アドレスが 203.0.113.23 でサブネットマスクが 255.255.255.240 の場合、それぞれの 2 進数は図のように、

　・IP アドレス：　　　11001011 00000000 01110001 00010111
　・サブネットマスク：11111111 11111111 11111111 11110000

となります。このときのサブネットマスクは、28 個の連続する 1 と 4 個の連続する 0 で構成されています。この連続する 1 の箇所がネットワーク部のビット数（28 ビット）を表し、連続する 0 の箇所がホスト部のビット数（4 ビット）を表します。このように、サブネットマスクのこの表記を使うことで、ネットワーク部とホスト部をオクテット（バイト）単位の区切りではなく、ビット単位で区切ることができます。この図のネットワークの場合、ホスト部の大きさが 4 ビットなので、同じ範囲に 16 個の IP アドレスがあるということが分かります。

　また、図 3.5 に示すように、サブネットマスクと IP アドレスの 2 進数に対して、ビットごとの AND（論理積）演算を行うことで、11001011 00000000 01110001 00010000 という結果が得られます。これを 10 進数の表記に戻すと 203.0.113.16 となり、この値が、先の 16 個のアドレスの範囲を代表するネットワークアドレスとなります。このように、IP アドレスとサブネットマスクを同じ桁位置ごとで AND 演算することで **ネットワークアドレス** を求めることができます。

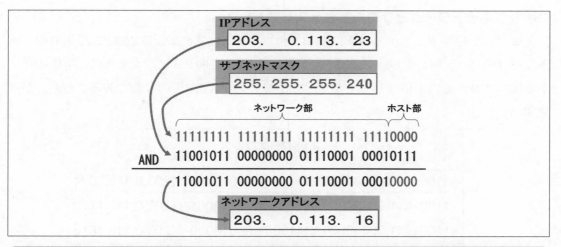

図3.5 サブネットマスクとネットワークアドレス

Tips ビットごとの AND（論理積）演算

・AND 演算は次に示す表のように X と Y の値が 1 と 1 のときのみ結果が 1 となる演算です。この演算を、二つの複数桁の 2 進数の値（表では 11001010 と 10100011）に対して、一番下の桁から順に、同じ桁位置（ビット位置）の値に AND 演算を適用することをビットごとの AND 演算といいます。

論理積（and）演算

X	Y	X and Y
0	0	0
0	1	0
1	0	0
1	1	1

```
      11001010  ←X
AND 10100011  ←Y
      10000010  ←X and Y
```

Tips 10 進数を 2 進数に変換

・10 進数を 2 進数に変換する場合、図のように 10 進数を商が 0 になるまで 2 で割っていき、割っていった過程で求められる余りを、下から上に並べた結果が、求める 2 進数となります。10 進数 240 を 2 で割っていくと 0、0、0、0、1、1、1、1 と余りが出るので、それを逆に並べた 11110000 が変換した 2 進数となります。

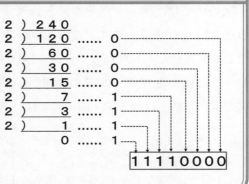

(3) サブネットワークとブロードキャストアドレス

　先に示した IP アドレスが 203.0.113.23 でサブネットマスクが 255.255.2555.240 のネットワークの場合、同じグループの IP アドレスの範囲は、図 3.6 に示すように、下位 4 ビットがすべて 0 から、下位 4 ビットがすべて 1 のアドレスまでの 16 個であることが分かります。

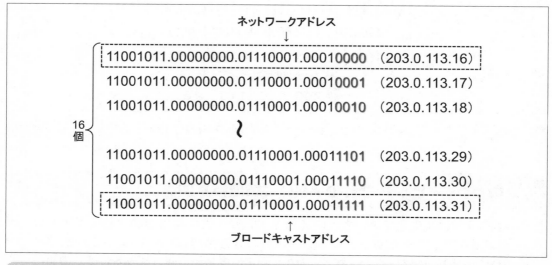

ネットワークアドレス
↓

11001011.00000000.01110001.00010000　（203.0.113.16）

11001011.00000000.01110001.00010001　（203.0.113.17）

11001011.00000000.01110001.00010010　（203.0.113.18）

16個 {

11001011.00000000.01110001.00011101　（203.0.113.29）

11001011.00000000.01110001.00011110　（203.0.113.30）

11001011.00000000.01110001.00011111　（203.0.113.31）

↑
ブロードキャストアドレス

図 3.6　サブネットワークの例とブロードキャストアドレス

　図の例のように、ネットワークアドレスが同じであるネットワークのグループのことを、**サブネットワーク（サブネット）**といいます。サブネットワークに属する IP アドレスのうち、先頭のアドレスがそのサブネットワークを代表する**ネットワークアドレス**であり、最後のアドレスが**ブロードキャストアドレス**[36] となります。ブロードキャストアドレスは、そのアドレス宛にデータを転送すると、サブネットワークに属するすべての PC にそのデータを届けることのできるアドレスです。

　図の例では、ネットワークアドレスが 203.0.113.16 で、ブロードキャストアドレスが 203.0.113.31 となります。この二つのアドレスは、特別な意味をもつため、PC に割り振ることをしません。したがって、PC に割り振ることのできる IP アドレスの数は、サブネットワークに属する IP アドレスの範囲から、ネットワークアドレスとブロードキャストアドレスを除いた数となります。図の例では、16 － 2 で 14 個となります。

36　ブロードキャストアドレスのことをディレクティッドブロードキャストアドレスということがあります。ブロードキャストアドレスには、この他に 255.255.255.255 というすべてのビットが 1 のリミテッドブロードキャストアドレスがあります。これを使うと、ルータ（第 4 章で紹介）と呼ばれるネットワークをつなぐ装置を超えない範囲のネットワークすべての PC に送信されます。

　CIDR 表記は、サブネットマスクを使う代わりに、IP アドレスの後ろにネットワーク部の長さをビット数で示す情報を付記する方法です。たとえば、

$$203 . 0 . 113 . 16 \big/ 28$$

IP アドレス / プレフィックス長

というように、IP アドレスの後にスラッシュ記号（/）を付け、その後にネットワーク部の長さのビット数（これを**プレフィックス長**[37] という）を記述します。この例では、ネットワーク部の長さが 28 ビットなので、残りの 4 ビットがホスト部の長さとなります。サブネットマスクによる表記方法[38] と比べると、人間にとっては分かりやすい表記といえるかもしれません。

3.2　IP の通信方法

3.2.1　IP パケットと IP ヘッダ

・IP でのデータ形式を IP パケットといい、そのデータに付ける送信元やあて先などの通信制御の情報を IP ヘッダという。

　IP、すなわちインターネットプロトコルでも、イーサネットのときと同じように、データを図 3.7 に示すような **IP パケット**と呼ばれる単位でデータが通信されます。IP パケットには、通信するデータの前に **IP ヘッダ**と呼ばれる、あて先や送信元の IP アドレスなどの通信を制御するための情報が付けられます。そして、IP ヘッダの後ろにデータが追加されます。このデータ部分のことを**ペイロード**[39] と呼ぶことがあります。

37　プレフィックス（Prefix）とは、「接頭辞」の意味で、前に付けるものを表す言葉です。したがって、この場合は、IP アドレスの先頭部分の箇所であるネットワーク部を表します。

38　サブネットマスクによりネットワーク部の長さを可変に変更する方法を、可変長サブネットマスク（VLSM : Variable-Length Subnet Masking）といいます。この方法は CIDR のプレフィックス長と同じ情報を異なる形式で表したものです。

39　ペイロードは積載物といった意味で、IP パケットのようなデータを通信する容れ物に格納されたデータのことをペイロードと呼びます。

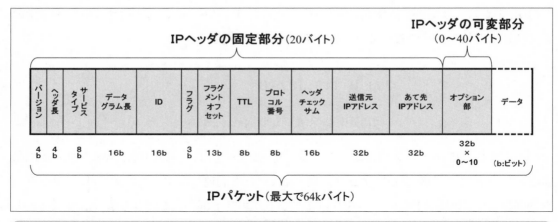

図3.7 IPパケットの形式

　IPヘッダには、図3.7に示すように、固定の長さの部分と可変の長さの部分があり、固定部分は20バイトで、可変部分は0バイト、4バイト、8バイト、…、40バイトのいずれかの長さなので、IPヘッダの大きさは最小で20バイト、最大で60バイトとなります。IPヘッダの固定部分の代表的な情報としては、次のようなものがあります。その他には、サービスタイプ[40]、ヘッダチェックサム[41]があります。

・バージョン：IPの形式のバージョン番号で、現在利用されているものはIPv4とIPv6なので、4（0100）または6（0110）の値
・ヘッダ長：IPヘッダには可変部分があるので、4バイトを単位として、IPヘッダの長さを0〜15で表した値
・データグラム長：IPパケットの長さを、バイト単位で表した値（この値の最大値は64k（$2^{16} - 1 = 65,535$））
・ID[42]、フラグ[43]、フラグメントオフセット[44]：一つのデータが複数のIPパケットに分割されることがあり、複数のIPパケットから分割されたデータを元の状態に戻すための情報
・**TTL**（Time to Live）：パケットが届かないまま永遠に通信路をさまようことを避けるために、消滅するまでの時間（パケットの寿命）の情報

40　サービスタイプ：IPパケットの通信に関する優先度を表す値（ただし、現在は使われていない）
41　ヘッダチェックサム：IPヘッダの情報に誤りがないかを算出するための値
42　ID：分割されたパケットに統一的に付けられる番号
43　フラグ：分割されたパケットが次に続くかを示す情報と、このパケットをさらに分割できるかを示す情報
44　フラグメントオフセット：分割されたパケットの前の位置を表す情報

・プロトコル番号[45]：上位のプロトコルの種類を番号で表した値
・送信元 IP アドレス、あて先 IP アドレス：送信元とあて先を特定するための IP アドレス

　ところで、IP パケット（IP ヘッダ＋データ）の最大サイズは、データグラム長の最大値である 64k バイトとなります。ただ、このように大きなサイズで送信されることはなく、実際には、LAN であるイーサネットを通ってインターネットに発信されるので、この場合には、イーサネットフレームのサイズ制限を受けることになります。

3.2.2　IP パケットとイーサネットフレーム

・IP パケットを通信する場合、LAN 内では IP パケットがイーサネットフレームのデータの中に格納されて通信される。

　LAN に接続された PC が、IP アドレスを使って通信する場合、まずは、LAN 内ではイーサネットを使って通信されます。その場合、IP パケットは図 3.8 に示すように、IP パケットがイーサネットフレームのデータの中に格納されて通信されることになります。このとき、イーサネットフレームのデータの最大長が 1,500 バイトなので、その長さを超える IP パケットは送ることができません。

　1,500 バイトを超えるような場合、IP パケットのデータ部分をイーサネットフレームに格納できるサイズに分割して、分割したそれぞれのデータに IP ヘッダを付けて新たな IP パケットをつくり、イーサネットフレームに格納します。このように IP パケットを分割することを、**IP フラグメンテーション**（IP fragmentation）[46] といいます。そして、一度に送信することのできるデータの最大長を **MTU**（Maximum Transmission Unit）[47] といいます。

45　プロトコル番号：後で説明する ICMP、TCP、UDP といった上位プロトコルの情報（具体的には、それぞれに 1、6、17 といった番号が符番されている）

46　fragment は、「かけら」や「断片」といった意味の単語です。

47　イーサネットの MTU は 1,500 バイトで、光ファイバーを使った通信である FDDI の MTU は 4,352 バイトです。

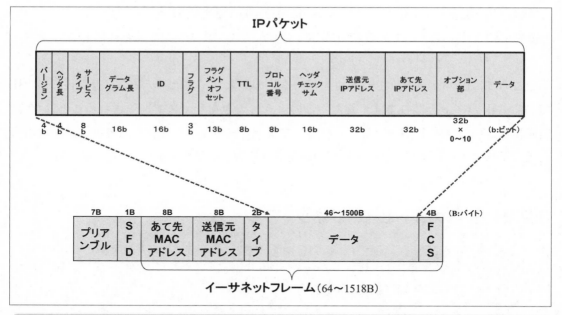

図 3.8 IP パケットとイーサネットフレームの関係

3.2.3 IP アドレスと MAC アドレス

・IP パケットをイーサネットフレームに格納して通信する場合に、MAC アドレスを調べるために利用されるプロトコルが ARP である。

　IP アドレス間で通信をするときには、IP パケットの IP ヘッダに送信元とあて先の IP アドレスを書くことで通信することができます。しかし、IP パケットをイーサネットを通じて通信する場合には、イーサネットフレームに送信元とあて先との MAC アドレスを記載する必要があります。このとき、あて先の MAC アドレスが不明な場合には、通信ができなくなってしまいます。

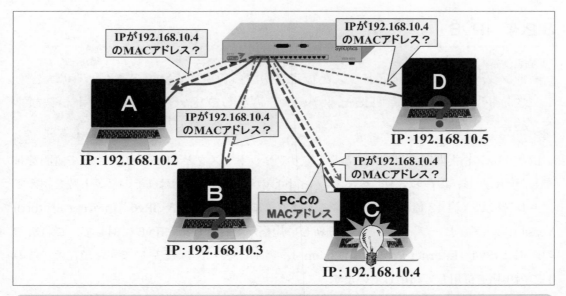

図 3.9　ARP による問い合わせのイメージ

　このような場合、あて先の MAC アドレスを調べるためのプロトコルである **ARP**（Address Resolution Protocol、アープ）を使います。ARP は、ブロードキャストアドレスを使って、図 3.9 に示すように、サブネットワーク内にあるすべての PC（**ノード**ともいう）に対して、あて先の IP アドレスを送ります。ARP のパケットを受け取った PC で、書かれたあて先の IP アドレスが一致した PC は、そのパケットに自分の MAC アドレスを記録[48] して、送信元の PC へ戻します。それ以外の PC は、受け取った ARP パケットを破棄します。

　これにより、送信元の PC は、あて先の PC の MAC アドレスを知ることができます[49]。このとき、ARP のパケットをやり取りした PC では、今後の通信のために、それぞれの IP アドレスと MAC アドレスを **ARP テーブル**[50] と呼ばれる表に記憶します。この ARP テーブルはそれぞれの PC の OS が管理しています。

48　受け取った ARP のパケットを送り返すときには、パケットの送信元に自分の IP アドレスと MAC アドレスを記録し、あて先には送ってきたパケットの送信元に書かれた IP アドレスと MAC アドレスを記録して返します。

49　ARP の逆の目的で MAC アドレスから IP アドレスを調べるプロトコルに RARP（Reverse ARP）があります。ただ、この目的の場合、DHCP（後の章で紹介）などのプロトコルを使うのが一般的です。

50　IP アドレスと MAC アドレスの対応関係は変更される可能性があるので、ARP テーブルは、定期的（たとえば 10 分ごと）に情報をリフレッシュします。

3.2.4　IPv6

・インターネットの IP アドレスとして当初から利用していた 32 ビットの大き
　さの IPv4 に対して、128 ビットの大きさをもつ IPv6 という IP アドレスが
　ある。

　IP アドレス枯渇問題の対応方法として、サブネットマスクと CIDR 表記について説明をし
ました。しかし、現在の 32 ビット（4 バイト）の IP アドレスでは、そのビット数を超えて
アドレスの数（約 43 億個）を増やすことはできません。そこで、**IPv6**（Internet Protocol
Version 6、アイピーブイ 6）[51] という新しい規格ができました。IPv6 に対して、これまで
の規格は **IPv4**（Internet Protocol Version 4、アイピーブイ 4）といいます。現在は、この
二つの規格を併用して利用しています。

　IPv6 の IP アドレスの大きさは、128 ビット（16 バイト、IPv4 の 4 倍の長さ）なので、
アドレスの数は約 340 澗（340 兆 × 1 兆 × 1 兆の大きさ）[52] であり、枯渇を心配する必要
のない大きさといえます。IP アドレスの表記方法は、一般に 16 ビット（2 バイト）を 16
進数の 4 桁で表記し、それをコロン（:）で区切って表します。

　たとえば、

2001:0db8:1000:0200:0030:0004:0000:0abc

といったように、16 進数 4 桁の 8 個の値をコロンでつないで記述します。また、各 16 進
数 4 桁の先頭にある 0 を省略（Zero Suppress、ゼロサプレス）して、

2001:db8:1000:200:30:4:0:abc

というように記述することもあります。

　それから、2001:0db8:0120:0000:0000:0000:0000:0abc という IP アドレスのように、
0 が連続している場合は、

51　IPv6 も IP パケットとして送信されるので、パケットの先頭には IP ヘッダが付けられます。この IP ヘッ
　　ダは IPv4 のものとは形式が若干異なり、また、IP アドレスのサイズも大きいので、40 バイトの大き
　　さがあります。

52　IPv6 の正確な IP アドレスの数は 2^{128} 個なので、340,282,366,920,938,463,463,374,607,431,7
　　68,211,456 個となります。

2001:db8:120::abc

というように、二つつなげたコロン（::）により、途中の連続する 0 を省略して記述することができます。このアドレスにも、ネットワーク部（ネットワーク・プレフィックスともいう）とホスト部（インタフェース ID ともいう）の区分があり、たとえば、2001:db8:1000:200:30:4:0:abc の上位 32 ビット（2001:db8）がネットワーク部の場合、

2001:db8:1000:200:30:4:0:abc/32

というように CIDR 表記で記述します。

この章のまとめ

1　通信プロトコルは、通信を行う方法の取り決めのことであり、インターネットの通信プロトコルは、インターネットプロトコル（IP）という。

2　IPアドレスは、インターネットに参加するPCを識別するための符号で、32ビット（IPv4）で表される。普及しているIPv4に対して、新しい規格のIPv6は、IPアドレスの大きさが128ビットである。

3　IPアドレスには、インターネットで通用するグローバルアドレスと社内などの限定した範囲で使うプライベートアドレスの二種類がある。

4　IPアドレスの範囲をクラスA～Cの三つに区分するアドレスクラスという分類がある。さらに細かく区分するための方法に、サブネットマスクとCIDRがある。

5　ネットワークアドレスによって、同じネットワーク（サブネットワーク）に属するアドレスかを判断でき、ホストアドレスによって、そのネットワーク内での識別ができる。サブネットワークに一斉にデータ転送するためのアドレスをブロードキャストアドレスという。

6　IPでのデータの形式をIPパケットといい、そのデータに付ける送信元やあて先のIPアドレスなどの通信制御の情報をIPヘッダという。

7　IPパケットをLAN内で通信する場合、IPパケットがイーサネットフレームの中に格納されて通信される。このとき、あて先のMACアドレスを調べる必要があり、このためのプロトコルがARPである。

|練|習|問|題|

問題1　2進数のIPアドレスの値「11010000 10101010 0100010 00011001」を、オクテットごとに区切った10進数に変換しなさい。

問題2　グローバルアドレスとプライベートアドレスの意味について、それぞれ簡単に説明しなさい。

問題3　アドレスクラスで、第1オクテットの値を固定したアドレス区分、及び、第4オクテット以外の値をすべて固定したアドレス区分について、それぞれの区分の名称を述べなさい。

問題4　クラスBのネットワーク部とホスト部のそれぞれのビット数を答えなさい。

問題5　IPアドレスが203.0.113.32〜203.0.113.63の範囲のサブネットワークについて、そのサブネットマスクを求めなさい。また、このサブネットワークをCIDR表記で示しなさい。

問題6　IPパケットをLAN（イーサネット）内で送信する場合、IPパケットを格納するデータ形式の名称、そのデータ形式で送信するときに必要となるアドレスの名称、及び、そのアドレスを調べるためのプロトコルの名称を述べなさい。

問題7　IPv6のアドレスの大きさ（アドレス長）は何ビットであるかを答えなさい。また、IPv4のアドレス長の何倍かを答えなさい。

第 4 章

インターネット通信の仕組み 2
―ルーティング

学生　IP アドレスって、結構、難しい話でしたね。でも、何とか分かった気がします。

教師　それはよかった・・・（ちょっと心配）今日のネットワークのことを知るためには、IP アドレスの話は絶対必要だから、確実に理解できるように復習しておいてください！

教師　それでは、IP アドレスを使ったネットワークの仕組みについての学習を始めましょう。

学生　はい、頑張ってみます・・・でも、まだ続きがあるんですか？

教師　そうです。今回の学習が済むと、世界中のネットワークがどうしてつながっているのかが分かりますよ。

学生　ずごい！　それなら、本当に頑張ります。

この章で学ぶこと

1　ルータがネットワーク間の通信を行う仕組みについて概説する。

2　ルーティングテーブルを使ったルーティングの仕組みを概説する。

3　NAT による IP アドレス変換方法と用途について説明する。

4.1　ルータ

4.1.1　ルータの基本的な仕組み

> ・ルータは、つながっているネットワークアドレスの異なるネットワーク間において、IP パケットに書かれた IP アドレスを解釈して IP パケットが適切な場所に届くように通信を制御する装置である。

　IP アドレスを使って通信を行う装置に**ルータ**と呼ばれる装置があります。図 4.1 はルータの写真です。

図 4.1　家庭用ルータ[53] と企業用ルータ[54] の写真例

　図左の装置が家庭でインターネットに接続するときに使われるルータの写真例で、図右の装置が会社などの組織で本社と支社間での通信やプロバイダ（ISP）に接続するときに使われるルータの写真例です。

　ルータは IP アドレスを解釈して通信を制御する装置です。たとえば、図 4.2 に示すように、

- ・LAN-a：ネットワークアドレス 192.168.10.0/24
- ・LAN-b：ネットワークアドレス 192.168.20.0/24

の二つの LAN（サブネットワーク）をルータでつないだ場合を考えてみます。ルータは、複数のネットワークをつなぐために幾つかのインタフェース[55] をもっており、このインタフェースを使ってネットワークをつなぎます。

　図 4.2 に示すように、ルータの各インタフェースには、それぞれに IP アドレスを割り振

53　図左のルータはブロードバンドルータと呼ばれる種類の製品例です。

54　図右のルータはエッジルータ、センタールータ（センタールータの方が大規模）などと呼ばれる種類の製品例です。さらに、大きな規模のものに、コアルータと呼ばれる種類の製品があります。

55　ここでのインタフェースは、RJ-45 などのコネクタとネットワークをつなぐ機能を含めた用語として使っています。

ることができます。それぞれのインタフェースには、それにつながっている LAN（サブネットワーク）と同じネットワークアドレスになる IP アドレスが付けられています。図では、

・インタフェース 1：192.168.10.1/24（LAN-a のネットワークアドレスと同じ）
・インタフェース 2：192.168.20.1/24（LAN-b のネットワークアドレスと同じ）

という IP アドレスが振られています。これによって、それぞれのインタフェースが、それぞれの LAN（サブネットワーク）での通信に参加することができます。

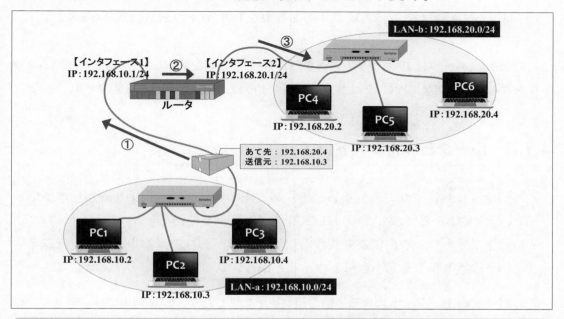

図 4.2　ルータの基本的な通信制御の仕組み

図 4.2 では、LAN-a の PC 2（**ホスト**[56]）から LAN-b の PC6 に対して、

・あて先 IP アドレス：192.168.20.4（LAN-b の PC6）
・送信元 IP アドレス：192.168.10.3（LAN-a の PC2）

というアドレスが記された IP パケットの通信の流れを示しています。その流れは、次の①〜③のようになります。

① この IP パケットが送信元のホスト（LAN-a の PC2）から送り出されると、ハブを通っ

56　IP によるネットワークの話をする場合、ネットワークの通信に参加する装置のことをホストと呼ぶことが多くあります。

② ルータは、インタフェース１に到着した IP パケットのあて先 IP アドレスを確認します。このあて先 IP アドレス 192.168.20.4 は、LAN-b のネットワークアドレスと一致するので、ルータはインタフェース２に IP パケットを送ります。もし、IP パケットのあて先 IP アドレスが 192.168.10.4 というように LAN-a のネットワークアドレスであれば、ルータは通信をせず、その IP パケットを破棄します。

③ ルータは、インタフェース２から IP パケットを LAN-b に流します。これにより IP パケットは、ハブを通って、目的のホストである 192.168.20.4 の PC6 に到着します。

このように、ルータは IP パケットに書かれた IP アドレスを解釈して、つながっているネットワークの中の適切な場所に IP パケットが届くように、通信を制御する装置です。

4.1.2　ルータと MAC アドレス

・外部のネットワークに通信するとき、あて先の MAC アドレスが分からないので、まずはルータの MAC アドレスを使ってルータに送る。
・自分のネットワーク内にあて先がない場合には、とりあえずルータなどに送るという設定をデフォルトゲートウェイという。

先の図 4.2 で IP パケットによる通信の流れを示しましたが、LAN の中では、第３章で学習したように IP パケットはイーサネットフレームに内包された形式で通信が行われます（図 3.8 参照）。図 4.3 は、IP パケットを内包するイーサネットフレームとルータの関係を示したものです。

図 4.3 の送信元ホストである PC2（IP アドレス：192.168.10.3）が、たとえば、LAN-a の自分のネットワーク内に通信する場合なら、送り先の IP アドレスが分かっていればプロトコルの ARP を使って、その MAC アドレスを調べることができました。しかし、送り先が図のように、LAN-b といった外のネットワークの場合、MAC アドレスを調べることができません[57]。

したがって、送信元ホストである PC2（IP アドレス：192.168.10.3）が、外のネットワークに通信する場合、あて先の MAC アドレスが分からないので、このような場合には、図 4.3

57　ARP は、ブロードキャストアドレスを使って通信する方法なので、ネットワークアドレスが異なるネットワークに通信することができないからです。

に示すように、あて先のアドレスにルータのMACアドレス[58]を書いて送ります。これにより、イーサネットフレームはルータに届きます。

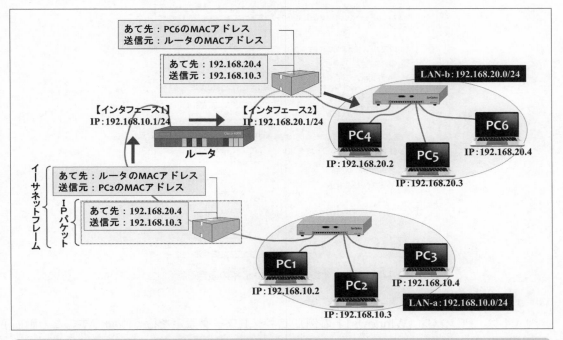

図4.3 ルータとMACアドレスの仕組み

　ルータは、LAN-b のネットワークに参加できるので、LAN-b 内にあるホストの MAC アドレスを知ることができます。したがって、ルータが LAN-b のネットワークにデータを送るときには、イーサネットフレームのあて先に書かれている自分の MAC アドレスを、実際のあて先である PC6 の MAC アドレスに書き換えて送信します。このように、ルータを使うことで、異なるネットワーク間（ネットワークアドレスが異なり、MAC アドレスも分からないネットワーク間）で通信を行うことができます。

　ところで、自分のネットワーク内にあて先がない場合に、とりあえずルータに送るという仕組みは、デフォルトゲートウェイと呼ばれる設定により実現しています。**デフォルトゲートウェイ**とは、ある PC（ホスト）が直接アクセスできる範囲にあるルータやサーバ（ネットワークを管理するサーバ）で、外のネットワークとの通信を行うときの出入口となっているものを指します。図 4.3 の場合は、ルータがデフォルトゲートウェイとなります。

58　ルータも MAC アドレスをもっています。

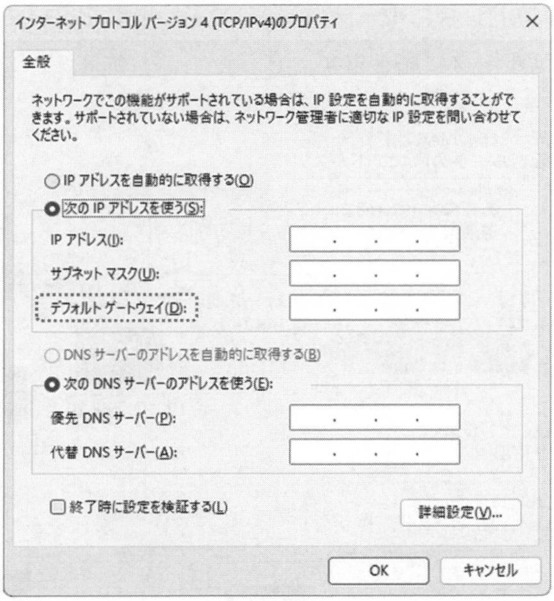

図4.4　デフォルトゲートウェイの設定画面例

　図4.4は、PCのOS（Windows11の例）でネットワーク設定を行う画面です。この画面から、デフォルトゲートウェイの設定箇所があることが分かります。デフォルトゲートウェイの箇所には、外のネットワークと通信を行うときの出入口になっているルータやサーバのIPアドレスを設定します。

4.2　ルーティング

4.2.1　ルーティングテーブル

・ルータは送信経路を選択するためのルーティングテーブルという情報をもっている。
・ルーティングテーブルには、ネットワークアドレス、ネクストホップ、インタフェースという情報が関連付けて記されている。

　インターネットや企業などの大規模なネットワークでは、たくさんのルータにより、たくさんのネットワークがつながっています。したがって、各ルータは、つながっているすべてのネットワーク内で、データを適切に通信する必要があります。このとき、すべてのネット

ワーク内にある目的のホストまでデータを届けるためには、適切な経路を選択しながら通信する必要があり、この通信制御のことを**ルーティング（IP ルーティング）**といいます。

　そして、ルータは、複数のネットワークがつなげられた状態でも、正しく送信経路を選択できるように**ルーティングテーブル**という情報をもっています。図 4.5 にルーティングテーブルの簡単な例を示します。図 4.5 では、三つのルータによって三つの LAN（サブネットワーク）がつながっています。この接続された状態を、ルータ 1 は、図に示すルーティングテーブルによって記録しています。ルーティングテーブルには、ネットワークアドレス、ネクストホップ[59]、インタフェースといった情報が記されています。

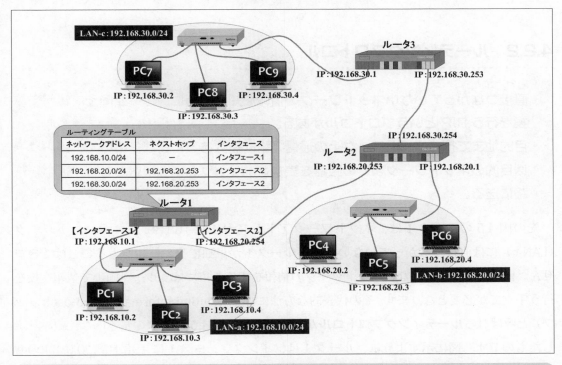

図 4.5　ルータとルーティングテーブル

　図のルーティングテーブルは、上の行から順に、次のような意味をもっています。

- ルータ 1 のインタフェース 1 には、ネットワークアドレスが 192.168.10.0/24 のサブネットワーク（LAN-a）がつながっている。
- ルータ 1 のインタフェース 2 につながっている IP アドレスが 192.168.20.253 のルー

59　ネクストホップとは、そのルータに直接つながっているルータの先にあるネットワークにデータを送信する場合の最初に送信するルータの IP アドレスのことです。

タ 2 には、ネットワークアドレスが 192.168.20.0/24 のサブネットワーク（LAN-b）
がつながっている。
・ルータ 1 のインタフェース 2 につながっている IP アドレスが 192.168.20.253 のルー
タ 2 の先にはルータ（図では、ルータ 3）があり、ルータ 3 には、ネットワークアド
レスが 192.168.30.0/24 のサブネットワーク（LAN-c）につながっている。

　このように、ルータは、それがもつルーティングテーブルによって、適切にデータを送信
するための経路（どのインタフェースに流すか）を選択することができます。

4.2.2　ルーティングプロトコル

・直接つながっていないネットワークの情報を知るために、ルータ同士で情報交
　換を行う RIP というプロトコルがある。
・目的地まで行くネットワーク上の通信経路は複数あることが多いので、ルータ
　は目的のネットワークまでの距離を表すメトリックという情報をもち、近い経
　路に送る。

　先の図 4.5 のルータ 1 は、ネットワークアドレスが 192.168.30.0/24 のネットワーク
（LAN-c）には直接つながっていないので、ルータ 1 が単独でその情報を得ることはできま
せん。直接つながっていないネットワークの情報を知るためには、ルータ同士で情報交換を
行う手立てが必要となります。その代表的な方法に、**RIP**（Routing Information Protocol、リッ
プ）と呼ばれる**ルーティングプロトコル**があります[60]。図 4.6 は RIP の基本的な仕組みを示
したものです。図に示すように、ルータ 1 は、インタフェース 1 に 192.168.10.0/24 のサ
ブネットワーク（LAN-a）が直接つながっているので、この場合、RIP は必要ではありませ
ん。この状態を表しているのが、ルータ 1 のルーティングテーブル上位の 1 行です。ルーティ
ングテーブルの上 1 行の情報源の欄（ルータが情報収集を行った方法を記載する欄）には、
直接接続と書かれています。直接接続とは、ルータの各インタフェースに LAN や別のルー
タを接続したときに接続先の IP アドレスとして直接設定した情報が、ルーティングテーブ
ルに記載されていることを意味します。

60　ルータ同士の情報交換を行うプロトコルとしては、RIP が最もシンプルなものであり、より高機能な
　ものに、OSPF（Open Shortest Path First）や BGP-4（Border Gateway Protocol version 4）
　などがあります。

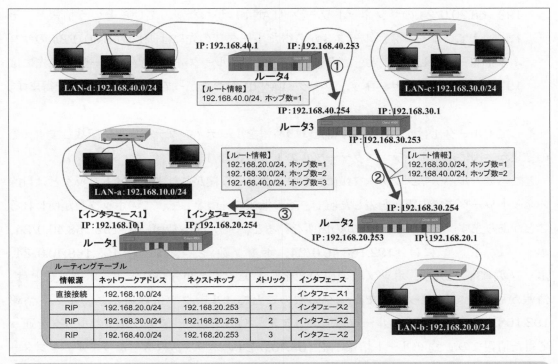

図 4.6　ルーティングテーブルと RIP の仕組み

　それに対して、ルーティングテーブルの下 3 行の情報源は RIP[61] となっています。これは、RIP によるルータ間での情報交換により、情報収集したことを表しています。図 4.6 の①〜③の矢印の流れで示すように、隣り合うルータ間では RIP などのプロトコルにより情報交換を行っています。たとえば、この図の場合、次のように情報を得ています。

①　ルータ 3 は、隣り合うルータ 4 から、矢印①の箇所に示すように、ルータ 4 の先には 192.168.40.0/24 のサブネットワーク（LAN-d）がつながっているという情報を得ます。

②　ルータ 2 は、隣り合うルータ 3 から、矢印②の箇所に示すように、ルータ 3 の先には 192.168.30.0/24 のサブネットワーク（LAN-c）がつながっているという情報と、それに加えて、ルータ 3 がルータ 4 から得たルータ 4 の先には 192.168.40.0/24 のサブネットワーク（LAN-d）がつながっているという情報を得ます。

③　ルータ 1 は、隣り合うルータ 2 から、矢印②の箇所に示すように、ルータ 2 の先には

61　ルーティングには、スタティック（静的）ルーティングとアクティブ（動的）ルーティングがあります。
　　直接、手動で設定する方法がスタティックルーティングで、RIP のようなプロトコルを使って自動で
　　定期的に更新しながら設定する方法がアクティブルーティングです。

192.168.20.0/24 のサブネットワーク（LAN-b）がつながっているという情報と、それに加えて、ルータ２がルータ３から得たルータ３の先には 192.168.30.0/24 のサブネットワーク（LAN-c）と、さらに、ルータ３がルータ４から得たルータ４の先には 192.168.40.0/24 のサブネットワーク（LAN-d）がつながっているという情報を得ます。

そして、ルータ１は、RIP により得た③の情報をルーティングテーブルに記載します。その結果が、図に示すルーティングテーブルの下３行となります。

ところで、ルーティングテーブルに**メトリック**という欄があります。メトリックとは目的のネットワークまでの距離を表した値で、その指標の一つとして、この**ホップ数**が使われることがあります[62]。図の矢印①～③の箇所を見ると、①のルート情報には「192.168.40.0/24、ホップ数 =1」、②には「192.168.40.0/24、ホップ数 =2」、③には「192.168.40.0/24、ホップ数 =3」とあり、ホップ数の値が変化していることが分かります。ホップ数とは、情報が届くまでに通ってきたルータの数のことで、ルータ１に届いた③のルート情報 192.168.40.0/24 の場合、ルータ２、ルータ３、さらにはルータ４の３つのルータを通って得た情報なので、③のルート情報 192.168.40.0/24 のホップ数は３となります。インターネットのような大規模なネットワークの場合、目的の場所までに行く通信経路は複数ある[63]ことが多いので、ルータがデータを送る場合に近い経路を選ぶ手段として、メトリックの値を利用します。ホップ数の場合には、目的の場所に届くまでに通過するルータの数が少ない方を選びます。

4.3　IP アドレスの変換

4.3.1　NAT（NAPT）

・NAT は IP アドレスを変換する仕組みのことで、プライベートアドレスしか与えられていない PC がインターネットと通信する場合に、PC のプライベートアドレスをグローバルアドレスに変換するときなどに利用される。

62　メトリックがホップ数の場合、その伝送路のデータ転送速度などは考慮に入れません。したがって、高度なルーティングプロトコルでは、ホップ数だけではなく速度なども考慮に入れて、複合的にメトリックの値を決めています。

63　複数のネットワークを接続する場合、それをつなぐ伝送路の１つが切断された場合でも通信が途絶えないように、安全策として、複数の経路をつくっておく（冗長化を図る）ようにします。

　第3章で、IPアドレスにはグローバルアドレスとプライベートアドレスがあることを紹介しました。プライベートアドレスは、社内のLANでは利用できますが、インターネットでは利用することはできません。それでは、社内のLANからインターネットを使って外部と電子メールをやり取りしたり、Webページを見たりする場合は、どのように通信するのでしょうか。その仕組みに使われるのが**NAT**（Network Address Translation、ナット）で、NATとはIPアドレスを変換する仕組みです。LANからインターネットを利用する場合、図4.7に示すように、ルータやサーバなどの装置を使って内部のネットワーク（LAN）と外部のネットワーク（インターネット）がつなげられています。この内部と外部をつなぐ装置のことを、特に**ゲートウェイ**[64]といいます。そして、ゲートウェイは、内部のネットワークと接続するためのプライベートアドレス（図の例では、192.168.10.1）と、インターネットと接続するためのグローバルアドレス（203.0.135.145）の二つをもちます。

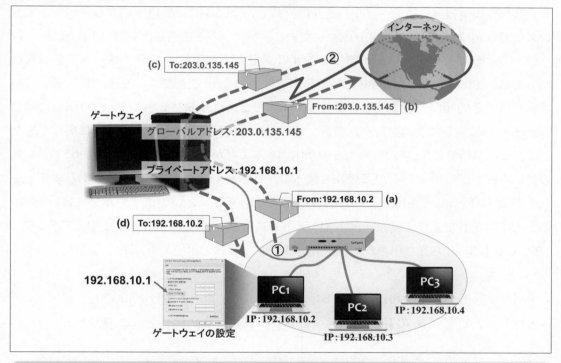

図 4.7　NATによるIPアドレス変換の様子

　内部のネットワークにつながる各PCには、プライベートアドレスしか与えられていませ

んから、直接、インターネットと通信をすることができません。そこで、図 4.7 に示すように、各 PC に対してゲートウェイの IP アドレス（図では、192.168.10.1）を設定します。そして、たとえば PC1 が外部と通信する場合、送信元（From）の IP アドレスには自分のアドレス（図の (a) に示す PC1 の 192.168.10.2）を書き、いったん、図の①の流れで示すように、パケットを先に設定したゲートウェイに送ります。ただ、送信元が今のプライベートアドレス（PC1 のアドレス）のままでは、インターネットへ送り出すことができないため、ゲートウェイは自分がもつグローバルアドレス（図の (b) に示すゲートウェイの 203.0.135.145）に変換してパケットを送り出します。

　逆に、送り出したパケットが、図の②の流れのように、戻ってきたときには、あて先（To）がゲートウェイのグローバルアドレス（図の (c) に示す 203.0.135.145）になっているので、パケットはゲートウェイまで届きます。ここで、ゲートウェイは、送り出したときの IP アドレスの変換情報（変換テーブル）を元に、あて先を送り出した PC1 のプライベートアドレス（図の (d) に示す 192.168.10.2）に変換し、パケットを送信した PC1 に返します。

　以上のように、ゲートウェイを使った NAT の仕組みにより、プライベートアドレスしかもたない PC でも、外部の PC とやり取りをすることができます。ただ、IP アドレスの情報だけだと問題が発生する場合があります。たとえば、偶然 2 台の PC から同時に同じ Web サーバに対して通信を行った場合、それぞれのパケットがゲートウェイに戻ってきたとき、その返信がどちらの PC 宛のものか区別することができません。そこで、IP アドレスの他にポート番号 [65] と呼ばれる情報も使って、外部とやり取りする仕組みがあります。これを **NAPT**（Network Address Port Translation、ナプト）といいます。たとえば、図 4.8 の矢印①の流れで示すように、PC1（IP アドレス：192.168.10.2）と PC2（IP アドレス：192.168.10.3）から送り出された、送信元の IP アドレスとポート番号が、

- パケット 1〔送信元の IP アドレス：192.168.10.2、ポート番号：50000〕
- パケット 2〔送信元の IP アドレス：192.168.10.3、ポート番号：50000〕

というパケットをゲートウェイが受け取ると、ゲートウェイは NAPT により

- パケット 1〔送信元の IP アドレス：203.0.135.145、ポート番号：60001〕
- パケット 2〔送信元の IP アドレス：203.0.135.145、ポート番号：60002〕

65　ポート番号については、次の第 5 章で紹介します。

というように、それぞれの IP アドレスとポート番号を変換して送り出します。もし、ポート番号がどちらのパケットも 50000 のママで送り出されたとすると、これらのパケットが戻ってきたとき、PC1 と PC2 のどちらに対するパケットかを IP アドレスだけでは区別できません。しかし、ポート番号を、送り出すときに 60001 と 60002 と異なる値に変更しておけば、これを確認することで、図の②の流れで示すように、元の PC1 と PC2 の IP アドレスとポート番号に戻すことができます。

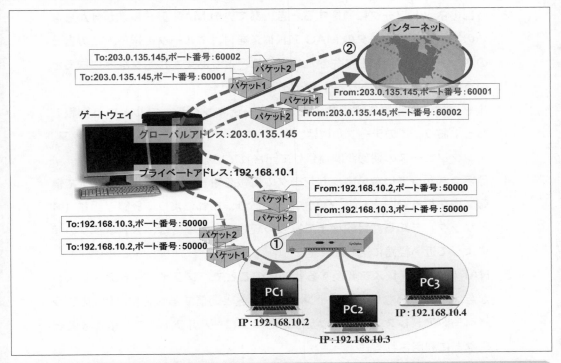

図 4.8　NAPT による IP アドレスとポート番号変換の様子

💡 Tips　IP マスカレード

・NAPT の機能のことを Linux と呼ばれる OS では IP マスカレード（masquerade）と呼ぶことがあります。マスカレードとは、仮面舞踏会の意味で、IP アドレスが変わることで、誰か分からなくなることから、このように呼ばれるようです。ただ、NAT 及び NAPT の機能を利用すると、1 つのグローバルアドレスを複数の PC で共有することができるため、インターネットカフェなどの不特定多数の人が利用するネットワークから、悪意のある利用がなされたとしても、誰が出したものかを特定することが難しくなるといった問題が発生します。

この章のまとめ

1　ルータは IP パケットに書かれた IP アドレスを解釈して、つながっている
　ネットワークアドレスの異なるネットワーク間で、IP パケットが適切な場
　所に届くように通信を制御する装置である。

2　外部のネットワークに通信するとき、あて先の MAC アドレスが分からな
　いので、まずはルータの MAC アドレスを付けてルータに送る。この自分
　のネットワーク内にあて先がない場合に、とりあえずルータなどに送ると
　いう設定をデフォルトゲートウェイという。

3　ルータは送信経路を選択するためのルーティングテーブルという情報を
　もっており、このテーブルには、ネットワークアドレス、ネクストホップ、
　インタフェースの情報が関連付けて記されている。

4　直接つながっていないネットワークの情報を知るために、ルータ同士で情
　報交換を行う RIP というプロトコルがあり、これにより、経路と距離（メ
　トリック）を知る。目的地まで複数の経路がある場合は、メトリックの値
　によって近い経路に送る。

5　NAT は IP アドレスを変換する仕組みのことで、プライベートアドレスし
　か与えられていない PC がインターネットと通信する場合に、PC のプラ
　イベートアドレスをゲートウェイがもつグローバルアドレスに変換すると
　きなどに利用される。

|練|習|問|題|

問題1　ルータによってつながる二つのネットワーク LAN-a と LAN-b があ
　　　　る。このとき、LAN-a 内の PC から LAN-b 内の PC に通信をする場合、
　　　　イーサネットフレームに記されていたあて先の MAC アドレスがどの
　　　　ように変化するか説明しなさい。

問題2　ルーティングテーブルに記されているネットワークアドレスとネクス
　　　　トホップとインタフェースの三つの情報の関連を、簡単に説明しなさ
　　　　い。

問題3　ルーティングプロトコルの一つである RIP の役割と仕組みを簡単に
　　　　説明しなさい。また、メトリックについても簡単に説明しなさい。

問題4　NAT についてその仕組みと用途を簡単に説明しなさい。

第 5 章

インターネット通信の仕組み 3
― TCP/IPモデルとTCP

学生　IP アドレスって、すごいですね。前回の学習で、何気なく
　　　通信しているデータが、あんなに大変なルーティングをし
　　　ながら届くのかと思うと感動しました。

教師　（ちょっと大げさな気もするが）・・・それはよかった。

教師　今回は、IP による通信の上で、離れた PC 同士が、どのように 1 対 1
　　　の通信を行っているかについて説明したいと思います。

学生　えー！　IP の上に、さらに仕組みがあるんですか？

教師　はい。だから、まずは、今までの学習を含めて、通信方式を整理をする
　　　ために、ネットワーク上で行われる通信全体の体系の話から始めましょ
　　　う。

学生　よかった。・・・(ほっと) これ以上複雑になったら、どうしようかと思っ
　　　たのですが、それでは、ネットワークの技術を整理する話を期待してい
　　　ま～す！

この章で学ぶこと

1　TCP/IP モデルと OSI 参照モデルの体系について概説する。

2　TCP の通信の仕組みとポート番号の役割について説明する。

3　TCP と UDP の通信方法の違いを説明する。

5.1 通信の階層

5.1.1 TCP/IP モデル

・通信の仕組みを四つの階層に分けて体系化した TCP/IP モデルは、その階層の下からネットワークインタフェース層、インターネット層、トランスポート層、アプリケーション層という。

　これまで、イーサネットによってネットワーク（LAN）内の通信を行う仕組み、また、IPによりネットワーク間の通信を行う仕組みについて学びました。そして、その仕組みの上で、図 5.1 の通信イメージに示すように、PC 同士、さらには、電子メールといった PC 内の特定のアプリケーション同士がデータのやり取りを行います。

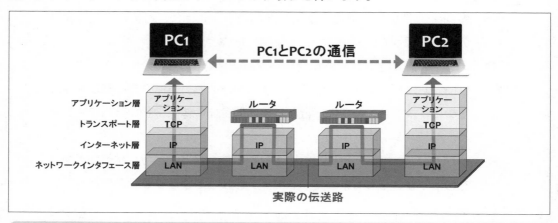

図 5.1　TCP/IP による通信のイメージ [66]

　このとき、IP による通信の仕組みの上で、PC 同士が 1 対 1 の通信を確立して、ファイルなどのひとまとまりのデータが複数の IP パケットに分割された場合でも、間違いなく通信できる仕組みを実現するのが、ここで学ぶ TCP というプロトコルです。さらに、この TCPのプロトコルを使って、PC 間でのアプリケーション同士がデータをやり取りする仕組みを実現しています [67]。図 5.1 に示すように、通信の仕組みは四つの階層に分けて体系化されています。この体系のことを**TCP/IP モデル**といい、四つの階層は、下の階層から順にネットワー

66　図 5.1 はウィキペディア／ルーターの図参照（https://ja.wikipedia.org/wiki/ ルーター）
67　アプリケーション同士がデータをやり取りする仕組みについては、次章である第 6 章で説明します。

クインタフェース層、インターネット層、トランスポート層、アプリケーション層といいます。今まで学んできたイーサネットやIPといったプロトコル、ハブやルータといった通信装置についても、表5.1のように、四つの階層で整理することができます。

表6.1　TCP/IPモデルの4階層

階層		代表的なプロトコル	関連装置
高 ↑ ↓ 底	アプリケーション層	HTTP、HTTPS、DHCP、DNS、FTP、IMAP、SMTP、POP3	ゲートウェイ
	トランスポート層	TCP、UDP	
	インターネット層	ARP、BGP-4、 IP（IPv4、IPv6）、RIP、RARP、OSPF	ルータ、L3スイッチ
	ネットワーク インタフェース層	FDDI、IEEE802.11（Wi-Fi）、イーサネット、トークンリング	NIC、スイッチングハブ（L2スイッチ）、ハブ、リピータ、アクセスポイント、ツイストペアーケーブル、同軸ケーブル、光ファイバケーブル

① **ネットワークインタフェース層**：この層の役割は、ノード[68]（PCなどの通信機器）を物理的につなぎ、つないだネットワーク内で電気や電波により通信ができる仕組みを提供することです。この層の代表的な通信の仕組みは、イーサネットやWi-Fiであり、NICやHUBをツイストペアーケーブルの有線や、アクセスポイントと無線LAN子機を無線でつなぐなど、信号がつながるネットワークを構成し、そのネットワーク（LAN）上でMACアドレスを使って通信が行える仕組みを提供します。

② **インターネット層**：この層の役割は、ネットワーク間での通信を提供することです。この層の代表的な通信の仕組みは、ネットワーク間をつなぐルータと、ルータによるIPアドレスを使ったルーティングであり、これらによってネットワーク間をつなぐ通信を提供します。

③ **トランスポート層**：この層の役割は、ホストからホストへの1対1の通信（**エンドツーエンド通信**）を確立して、ファイルなどのひとまとまりのデータを初めから終わりまで間違いなく通信する仕組みを提供することです。この層の代表的な通信の仕組みとしては、TCPとUDPというプロトコルがあり、これらによって、上位のアプリケーション層での通信が行える仕組みを提供します。

68　ネットワークにつながるPCなどの機器のことを、ネットワークインタフェース層では**ノード**、インターネット層以降では、**ホスト**ということが多いようです。

④ **アプリケーション層**：この層の役割は、Web や電子メールといった具体的な通信のアプリケーションによって行われる各通信サービスを提供することです。この層の代表的な通信の仕組みとしては、HTTP、HTTPS、SMTP、POP3 や IMAP といったプロトコルがあり、HTTP や HTTPS により Web のサービスを、SMTP や POP3 により電子メールのサービスを提供します。

　このようにネットワークの構造を階層化することの利点は、通信方法を各階層ごとで独立して考えることができるということです。たとえば、インターネット層の下位のネットワークインタフェース層で、イーサネットと Wi-Fi といった通信方式の異なるネットワークがつなげられていたとしても、それぞれに IP による通信機能が用意されていれば、インターネット層以上の通信方法では、その下のネットワークがどのような種類であるかを気にすることなく通信を行うことができます。

5.1.2　OSI 参照モデル

・通信の仕組みを TCI/IP モデルよりも細かく七つの階層に分けて体系化した OSI 参照モデルは、下から順に物理層、データリンク層、ネットワーク層、トランスポート層、セッション層、プレゼンテーション層、アプリケーション層という。

　TCP/IP モデル以外に、**国際標準化機構**（ISO：International Organization for Standardization、アイエスオーまたはアイソ）によって標準化されたネットワーク構造のモデルに、**OSI 参照モデル**[69] と呼ばれるものがあります。このモデルは、表 5.2 に示すように 7 層（この階層を**レイヤ**という）に分かれた構造となっています。

　OSI 参照モデルと TCP/IP モデルとの関係は、表 5.2 のようになります。TCP/IP モデルの 4 階層に対して、OSI 参照モデルは 7 層と階層が多くなっているのは、OSI 参照モデルの方がネットワークを構成する通信方式をより厳密に分類しているためです。したがって、現実的な TCP/IP モデルに対して、OSI 参照モデルは教科書的と喩えられることがあります。この OSI 参照モデルは、ネットワークを構築するときの基準として利用されます。

69　OSI：Open Systems Interconnection

表 5.2　OSI 参照モデルと TCP/IP モデルの関係

OSI 参照モデル		TCP/IP モデル
第 7 層	アプリケーション層	アプリケーション層
第 6 層	プレゼンテーション層	
第 5 層	セッション層	
第 4 層	トランスポート層	トランスポート層
第 3 層	ネットワーク層	インターネット層
第 2 層	データリンク層	ネットワークインタフェース層[70]
第 1 層	物理層	

第 1 層（物理層）：通信ケーブルの種類、アナログやディジタルといった信号の形式など、物理的に機器を接続して通信するための方式を扱う階層です。TCP/IP モデルでは、ネットワークインタフェース層での 10BASE-T や 100BASE-TX、1000BASE-T といった方式とその通信ケーブルなどの規格がここに含まれます。

第 2 層（データリンク層）：物理的に接続された隣接するノード間での通信方式について扱う階層です。TCP/IP モデルでは、ネットワークインタフェース層で MAC アドレスを使ったイーサネットなどの規格がここに含まれます。

第 3 層（ネットワーク層）：複数のネットワークを接続し、その間の通信経路を選択して通信を行う方式について扱う階層です。TCP/IP モデルのインターネット層の IP アドレスを使ってルーティングを行う IP などの規格がここに含まれます。

第 4 層（トランスポート層）：通信中のホスト間で通信に問題（エラーやデータの漏れ）が発生していないかを監視し、確実な通信が行えるように制御する方式を扱う階層です。TCP/IP モデルでは、トランスポート層での TCP や UDP といったプロトコルがここに含まれます。

第 5 層（セッション層）：ホストのアプリケーション間での通信が確立（ログイン）してから終了（ログアウト）するまで、途切れることなく通信が完了するように制御する方式を扱う階層です。たとえば、Web を使った遠隔会議の音声や映像が途切れないようにする管理が、これに当たります。TCP/IP モデルでは、この第 5 層〜第 7 層を併せてアプリケーション層が対応しています。

第 6 層（プレゼンテーション層）：通信する中身である文字や画像、動画といったデータ形式を管理し、通信方式及びアプリケーションに適した形式に変換する方式を扱う階層です。

70　表 5.1 のネットワークインタフェース層に含まれる装置を OSI 参照モデルの第 1 層と第 2 層に分類すると次のようになります。
　・第 1 層：ハブ、リピータ、ツイストペアーケーブル、同軸ケーブル、光ファイバケーブル
　・第 2 層：NIC、スイッチングハブ（L2 スイッチ）

第 7 層（アプリケーション層）：Web や電子メールといった具体的な通信サービスを提供する方式を扱う階層です。TCP/IP モデルでは、HTTP、SMTP や FTP といったプロトコルがここに含まれます。

💡 Tips　L2 スイッチ、L3 スイッチ

・スイッチングハブは、MAC アドレスを認識して通信を行う装置なので、OSI 参照モデルの第 2 層のスイッチという意味でレイヤ 2 スイッチ（略称：L2 スイッチ）と呼ぶことがあります。

・ルータは、第 3 層に位置付けられます。また、同じ階層で、ルータとほぼ同じ機能をもったレイヤ 3 スイッチ（略称：L3 スイッチ）と呼ばれる装置があります。二つの違いは、L3 スイッチよりルータの方が一般的に多機能であり、その代わり、L3 スイッチは機能をハードウェアとして実装することで、機能をソフトウェアとして実装しているルータより動作が高速であるといった点です。

5.2　トランスポート層

5.2.1　TCP

・TCP は、ホスト間での 1 対 1 の双方向（エンドツーエンド）通信を確立する手順で、この通信経路を確立した状態をコネクションという。
・コネクションの確立では、SYN と ACK という合図を使って、3 ウェイハンドシェイクという方法で行う。

(1) コネクションの確立

　ここでは、TCP/IP モデルのトランスポート層での具体的な通信について見ていきましょう。トランスポート層での代表的なプロトコルである TCP と UDP について紹介します。

　TCP（Transmission Control Protocol）は、ホスト間での 1 対 1 の双方向通信である**エンドツーエンド通信**を確立します。エンドツーエンド通信の確立とは、先の図 5.1 に示したように、実際の伝送路上に二つのホスト間での PC1 → PC2 と PC2 → PC1 という双方向の通信が行える通信経路（この経路を**ストリーム**ということもある）を確立することです。このように経路を確立することを**コネクション**（connection）を確立するといいます。

　TCP によりコネクションを確立する場合、通信の開始を要求する **SYN**（synchronize、同期という意味）という合図と、要求を了承する **ACK**（acknowledge、承認という意味）という合図を使って図 5.2 に示すような **3 ウェイハンドシェイク**（three-way handshaking）と呼ばれる方法で行われます。図 5.2 は、PC1 から PC2 に対して通信の要求を行った場合の例で、この場合の 3 ウェイハンドシェイクは次のようになります。

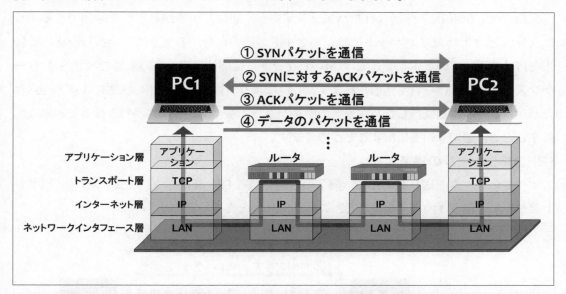

図 5.2　TCP の 3 ウェイハンドシェイクの様子

① PC1 から PC2 に対して通信を開始するために、まず、通信要求の合図である SYN パケット[71] を送信します。

② PC1 からの SYN パケットを受け取った PC2 は、通信が可能であれば、SYN に対する了承の合図である ACK パケットを送信し、受信の準備を行います。

③ PC2 からの ACK パケットを受け取った PC1 は、PC2 に対して、これから送信を開始するといった意味の ACK パケットを送信し、これで PC1 と PC2 のコネクションが確立します。

　①〜③によりコネクションが確立した後は、④に示すように、実際のデータが入ったパケットが送られます。この間、PC1 から PC2 に対して送信するデータがなくなるまで、パケッ

71　ここでのパケットは、正確には TCP の通信形式に基づいた TCP パケットです。TCP パケットは、インターネット層で通信されるときには、IP パケットに内包されて送られます。

トは連続的に送られます[72]。ただ、通信が確実に行われていることを確認するために、ある程度のデータを通信した時点で、PC2 は PC1 に対してデータが確実に届いているという合図として ACK パケットを送ります。もし、この ACK パケットがある一定時間を超えて PC2 に送られてこないときには、PC1 は、再度データを再送します。この仕組みにより、データが漏れることなく通信を行うことができます。

また、PC1 から PC2 へ送られたパケットがすべて届いているかどうかを確認できるように、先ほどの③の ACK パケットには、パケットの順番が分かるように開始番号を決める情報を付けて送っています。そして、以降のパケットには開始番号からの順番を示す番号（**シーケンス番号**）が付けられて送信されます。これにより、途中の伝送路の状態によって送られたパケットの順番と受信したパケットの順番が違っても、シーケンス番号を使って組み立て直すことで、適切な順番に戻すことができます。

(2) コネクションの終了

すべてのデータを送り終えた後、終了の合図である **FIN**（finis、終了という意味）パケットを使って、図 5.3 のような流れで、コネクションを終了します。

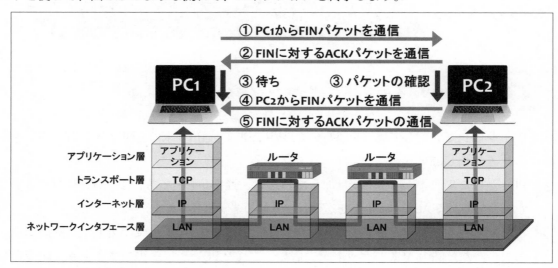

図 5.3　TCP でのコネクション終了の流れ

72　データがなくなるまでパケットを送り続けますが、データを受け取る側の PC が用意した受信用の記憶領域のサイズを超えて送ることはできません。したがって、PC2 は PC1 に対して現在受け取れるデータの大きさ（ウィンドウサイズという）を ACK パケットにより知らせます。これにより、受け取り先の PC で、データがあふれ出てしまうこと（フロー）を防ぎます。この制御方法を**ウィンドウ制御**といい、これにより、フローを防ぐフロー制御を行っています。もし、データが受信用の記憶領域より大きな場合は、蓄えられたデータが処理されて、ウィンドウサイズが回復するのを待って送信を続けます。

① すべてのデータを送り終えたとき、PC1 は終了を伝える FIN パケットを送信します。

② ①の FIN パケットを受け取った PC2 は、PC1 の送信が終了した合図を了承したという ACK パケットを送信します。

③ ②を送った PC2 は、PC1 からのデータをすべて受け取っているかを確認します。PC1 は、PC2 がすべてのデータを受け取ったという合図がくるのを待ちます。

④ すべてのデータを受け取ったことを確認した PC2 は、データの受信が終了したという合図の FIN パケットを PC1 に送信します。

⑤ ④の FIN パケットを受け取った PC1 は、PC2 の送信が終了した合図を了承したという ACK パケットを送信します。

　⑤までの動作が終了した時点で、双方での送受信が完了したことが確認でき、コネクションを終了します。ここで、終了の合図を双方で伝える途中に、③のデータを確認する動作を入れるのは、送信をし終えたつもりが、データに漏れがあったという通信ミスを起こさないための仕組みです。このようにして、TCP によって、データを漏れなく確実に送受信するエンドツーエンド通信が実現されます。

5.2.2 TCP パケットとポート番号

・TCP は、TCP ヘッダの付いた TCP パケットというデータ形式で通信を行い、TCP ヘッダにはパケットの順番を示すシーケンス番号などの情報が格納されている。
・ポート番号はアプリケーション層での通信サービスを示す値で、これにより、通信データを利用するアプリケーションソフトが分かる。

(1) TCP パケット

TCP では、図 5.4 に示すような TCP パケットと呼ばれる形式で通信が行われます。

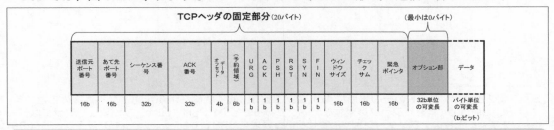

図 5.4　TCP パケットの形式

図に示すように、TCP ヘッダには次のような情報が盛り込まれます。

- シーケンス番号：パケットの順番を示す値で、実際には、データの開始番号に、データの先頭からのバイト数を加算した値が使われます。
- ACK 番号：データの受信が確実に行われている合図としての ACK パケットを送るとき、ここに受信済みデータのバイト数（シーケンス番号と同じ方式で算出した値）を格納します。
- URG、ACK、PSH、RST、SYN、FIN フラグ[73]：ACK パケットの場合、ACK フラグに 1、SYN パケットの場合は SYN フラグに 1 といったように、パケットの種類を示します。なお、それ以外のフラグの値は 0 になっています。
- ウィンドウサイズ：データを受け取る側の PC が、この後の受信のために利用できる記憶領域のサイズを記録して知らせます。送信側の PC はこのサイズを超える容量のデータを続けて送ることはできません。
- チェックサム：TCP パケットの内容の整合性を検査するための検査用データです。

　ところで、図 5.5 に示すように、トランスポート層の通信である TCP パケットは、インターネット層では IP パケットのデータ（ペイロード）として通信されます。
　さらに、ネットワークインタフェース層では、第 3 章の図 3.8 でも示したように IP パケットがイーサネットフレームのデータとして通信されます。したがって、このような場合、イーサネットフレームのデータサイズは最大で 1,500B なので、IP パケットの最大長（MTU）は 1,500B を超えることはできません。ということは、TCP パケットは、IP パケットのデータ部分の最大長である 1,480B（1,500B から IP ヘッダの 20B を除いたサイズ）を超えることはできないので、実際に TCP パケットで送ることのできるデータ（ペイロード）の最大長は 1,460B（1,480B から TCP ヘッダの 20B を除いたサイズ）となります。TCP パケットで送ることのできるデータサイズのことを **MSS**（Maximum Segment Size）といいます。

73　フラグとは、1 ビットのその場所に 1 が立つことで、ある状態を示す合図となる情報のことです。URG（urgent、緊急）フラグは緊急なデータであることを、PSH（push、プッシュ）フラグはデータをすぐに上位のアプリケーションに渡せという要求を、RST（reset、リセット）フラグは通信の中断要求を表すものです。

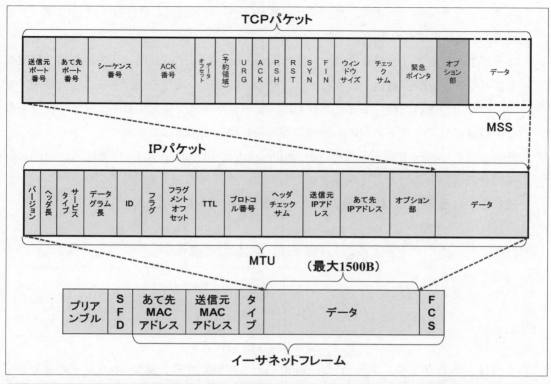

図5.5 TCPパケット、IPパケットとイーサネットフレームの関係

(2) ポート番号

図 5.4 に示す TCP ヘッダの先頭には、送信元ポート番号とあて先ポート番号という箇所があります。TCP の通信では、通信するそれぞれに**ポート番号**と呼ばれる 16 ビット（10進数では 0 〜 65535）の値を決めてセッションを確立します。ポート番号には、表 5.3 に示すような三つの種類があります。

表 5.3 ポート番号の三つの種類

ポート番号の種類	ポート番号の範囲
システムポート番号	0 〜 1023 番
ユーザポート番号	1024 〜 49151 番
動的／プライベートポート番号	49152 〜 65535 番

・システムポート番号（よく知られているポート番号、well known port numbers）の範囲には、アプリケーション層での代表的な通信サービスに対して、それが通信を行うときに使うポート番号が割り当てられています。代表的なポート番号としては、表 5.4 に

示すようなものがあります。たとえば、Web サーバとの通信（HTTP）では、ポート番号 80 が割り当てられます。

・ユーザポート番号（登録済みポート番号、registered port numbers）の範囲は、特定のアプリケーションが通信を行うときに、その中の特定の番号を登録することで利用できるように用意された番号です。たとえば、データベースソフトやセキュリティソフトなどの特定のソフトウェアがこの範囲の番号を登録して利用しています。

・動的／プライベートポート番号（dynamic and/or private posts）の範囲は、自由に利用できるポート番号として用意されたもので、クライアント PC のアプリケーションが通信をするとき、OS はこの範囲のポート番号を一時的に与えます。

表 5.4 代表的なシステムポート番号

20：FTP（データ）	53：DNS
21：FTP（制御）	80：HTTP
22：SSH	110：POP3
23：telnet	158：IMAP
25：SMTP	443：HTTPS

たとえば、あるクライアント PC が、Web ページを閲覧するために Web サーバに対して TCP によって通信を行う場合、送信元ポート番号には 49152 〜 65535 番のうちの一つの番号が割り当てられ、あて先ポート番号には Web サービスを示す 80 番が割り当てられます。また、同じ PC が Web と同時期に電子メールの通信サービスを利用した場合には、Web サーバと通信するポート番号とメールサーバと通信するポート番号には異なる番号が割り当てられます。これにより、その PC に届いたパケットが、どの通信サービスから返ってきたデータであるかを区別する[74] ことができます。

5.2.3 UDP

・UDP はトランスポート層のプロトコルであり、データが相手に到達したかの確認ができないが、通信を簡易にかつ短時間で行うことができる。

トランスポート層の代表的なプロトコルとして、TCP の他に、UDP（User Datagram

74　IP パケットに付いた IP アドレスにより PC が特定でき、IP パケットに内包される TCP パケットに付いたポート番号により通信サービス（アプリケーション）を特定することができます。IP アドレスが会社の住所とすると、ポート番号はその会社のどの部署かを表す情報といったところです。IP アドレスとポート番号を組み合わせた情報のことをソケットといいます。

Protocol）があります。UDP と TCP との大きな違いは、コネクションを行わない点です[75]。そのため、UDP はデータが正確に相手に到達したかの確認を行うことができませんが、3 ウェイハンドシェイクといった手間のかかるやり取りがないため、通信を簡易にかつ短時間で行うことができます。したがって、通信するデータの目的によって、到達の確実性を優先するのか、それとも通信の高速性を優先するのかを判断して、通信サービスごとに TCP と UDP が使い分けられています[76]。また、UDP は、コネクションを行わないため通信を 1 対 1 に限る必要がなく、IP のブロードキャストアドレスを使った 1 対多の通信も可能となります。

図 5.6 に示すように、UDP パケットは、IP での通信機能の上にポート番号の情報を追加しただけの通信形式といえます。このように、UDP ヘッダは非常に簡単なもので、長さやチェックサム（検査用データ）の情報を除けば、ポート番号の情報だけとなります。したがって、IP パケットの中に UDP パケットを格納した状態は、IP の通信に対してポート番号を拡張した通信と考えればよいでしょう。

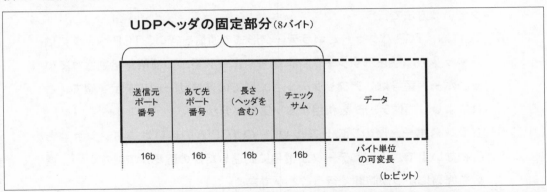

図 5.6　UDP パケット（UDP データグラム）の形式

💡Tips　IP データグラム、UDP データグラム、TCP セグメント

・IP、TCP、UDP の各通信における通信データの単位を、本書ではすべてパケットと読んで説明しています。ただ、それぞれのデータ単位を、異なる呼び方をすることもあります。コネクションレス型通信である IP パケットと UDP パケットについては、それぞれ **IP データグラム**、**UDP データグラム**と呼び、それに対して、TCP パケットについては、**TCP セグメント**と呼ぶことがあります。

75　コネクションを行わない UDP の通信のことをコネクションレス型通信といいます。実は、IP の通信もコネクションレス型通信に分類されます。

76　Web や電子メールでは TCP が使われます。UDP は、主にメールアドレスや Web の URL の情報よりサーバの IP アドレスを調べる DNS（第 6 章で学習）というサービスで利用されています。

この章のまとめ

1. 通信の仕組みをネットワークインタフェース層、インターネット層、トランスポート層、アプリケーション層の四つに分けて体系化した TCP/IP モデルがある。

2. 通信の仕組みを物理層、データリンク層、ネットワーク層、トランスポート層、セッション層、プレゼンテーション層、アプリケーション層の七つに分けて体系化した OSI 参照モデルがある。

3. トランスポート層のプロトコル TCP は、ホスト間でエンドツーエンド通信を確立する手順であり、確立した状態をコネクションという。コネクションの確立では、SYN と ACK という合図を使って、3 ウェイハンドシェイクという方法で行う。

4. TCP は、TCP パケットというデータ形式で通信を行い、TCP ヘッダにはパケットの順番を示すシーケンス番号やポート番号の情報が格納されている。ポート番号は、アプリケーション層での通信サービスを示す値で、これにより、通信データを利用するソフトが分かる。

5. トランスポート層のプロトコル UDP の TCP との違いはコネクションを行わない点で、正確にデータが相手に到達したかの確認ができないが、通信を簡易にかつ短時間で行うことができる。

|練|習|問|題|

問題1 TCP/IP モデルのネットワークインタフェース層、インターネット層、
トランスポート層、アプリケーション層の各階層での通信の特徴を、
簡単に説明しなさい。

問題2 TCP/IP モデルの四つの階層について、OSI 参照モデルの物理層、デー
タリンク層、ネットワーク層、トランスポート層、セッション層、プ
レゼンテーション層、アプリケーション層の七つの階層との対応関係
を述べなさい。

問題3 3ウェイハンドシェイクによって、コネクションを確立する流れを、
簡単に説明しなさい。

問題4 TCP ヘッダに格納されるポート番号により何が分かるかを述べなさ
い。また、ポート番号の三つの分類について述べなさい。

問題5 TCP と UDP の通信方法の違いと特徴を簡単に説明しなさい。

第 6 章

通信サービスについて

学生　TCP/IP モデルの４層から考えると、前回までで３層まで
　　　が終わったので、今回の学習は察するにアプリケーション
　　　層の話ですね？

教師　よく分かりましたね。その通りです！

教師　今回は、アプリケーション層で行われている通信サービスについて説明
　　　したいと思います。

学生　通信サービスですか・・・インターネットで、何かオマケしてもらった
　　　こともないし、サービスされた記憶がありません。

教師　ハッハ。Webページを見たり、電子メールをやり取りしたりできるのも、
　　　立派なサービスですよ。

学生　なるほど！　毎日、サービスを利用していました。いつも使っている
　　　ので、当たり前すぎて、気付きませんでした。インターネッ
　　　トのサービスについて、是非教えてください。

この章で学ぶこと

1　Web での HTTP、電子メールでの SMTP と POP3 について概説する。

2　ドメイン名の体系について説明する。

3　DNS による正引きの仕組みについて説明する。

4　DHCP による IP アドレスの設定方法について説明する。

6.1　代表的な通信サービス

6.1.1　Web

> ・URL は、インターネット上に点在する Web ページなどの情報資源の所在地を
> 示す情報である。
> ・HTTPは、Webクライアント（Webブラウザ）の要求により、Webサーバ（Web
> ページを配信するソフト）が、Web ページを送信するためのプロトコルである。

(1) URL

　前章で示した表 5.1 のアプリケーション層には、その代表的なプロトコルとして HTTP
や HTTPS、DHCP、DNS、FTP、SMTP、POP3、IMAP といった種類が列挙されていました。
この中で、HTTP や HTTPS は Web のサービスを、SMTP や POP3、IMAP は電子メールのサー
ビスを実現するためのプロトコルです。このように、インターネット上で提供される様々な
通信サービスは、それぞれ専用のプロトコルがあり、それらのプロトコルはアプリケーショ
ン層に位置付けられます。

図 6.1　Web ページと URL の例

　図 6.1 に示すように、Web ブラウザ（または、WWW ブラウザ）を使うことで、インターネッ
ト上にある様々な Web ページを閲覧することができます。このシステムのことを **WWW**
（World Wide Web）または、単に Web といいます。**Web** ページを見る場合、図のように、

https://www.kindaikagaku.co.jp/

といった **URL**（Uniform Resource Locator）または **URI**（Uniform Resource Identifier）と呼ばれる情報が必要となります。この URL は、インターネットによってつなげられたネットワーク上に点在する Web ページなどの情報資源の所在地を示す情報です。

　URL は、次の例のように、

https://www.example.com/book_list/detail/network.html

スキーム名　ホスト名　ドメイン名　　　　　　パス名

スキーム名、ホスト名[77]、ドメイン名、パス名から構成されています。**ドメイン名**（例では、example.com）は、インターネット上のサーバ（ホスト）のある場所を表しており、**ホスト名**（www[78]）は、サーバに付けられた名称を表します。ホスト名とドメイン名を合わせたもの（www.example.com）を、**FQDN**（Fully Qualified Domain Name、完全修飾ドメイン名）といいます。**パス名**は、サーバの記憶領域の中で対象となる情報が格納された場所（ディレクトリ）やファイルを示す情報です。「/book_list/detail/ network.html」というように、一般的にパス名は、ディレクトリ（フォルダ）名やファイル名と、ディレクトリの階層の区切りを示す「/」で構成されます。また、URL の先頭の「https://」箇所を**スキーム名**といい、URL によって情報資源を入手する方法を HTTPS を使って行うという意味を表しています。

　ところで、パス名がなく、「https://www.example.com/」というように、URL を指定したときに表示される Web ページを、特にそのサーバが最初に提示するページということで、**ホームページ**と呼ぶことがあります。

(2) HTTP

　図 6.2 に示すように、**HTTP**（HyperText Transfer Protocol）及び **HTTPS**（HTTP over SSL/TLS、または HTTP Secure）は、Web クライアント（Web ブラウザ）の要求により、Web サーバ[79]（Web ページを配信するソフト）が、Web ページを送信するためのプロトコルです。すなわち、図のように、Web クライアントから URL に示されるホストの Web

---

77　ホスト名とドメイン名を分けないで、合わせてホスト名という場合もあります。

78　Web サーバに対するホスト名の場合、WWW と付くのが一般的です。ただ、WWW を使うことは規則ではなく、習慣的なものであり、Web サーバであってもホスト名に WWW を付けていないこともあります。

79　Web サーバとして代表的なソフトには、Apache（アパッチ、Apache HTTP Server）と呼ばれる UNIX 系のオープンソースソフトウェアや、Microsoft 社の IIS（Internet Information Services）などがあります。

サーバに対して、①リクエストメッセージ（GET メソッドという）を送ると、それに対して Web サーバは②レスポンスメッセージ（GET メソッドの実行結果、すなわち要求された Web ページ）を返すという、**リクエストーレスポンス型**と呼ばれる通信方式のプロトコルです。

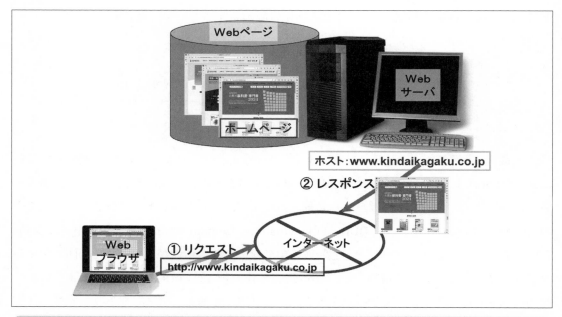

図 6.2　Web クライアントと Web サーバとの HTTP によるやり取り

　この HTTP [80] の基本動作は、Web クライアントのリクエストに対して、Web サーバはその結果（レスポンス）を返すと、Web ページを返した時点でセッションを解消して、情報をリセットしてしまいます。したがって、このリクエストーレスポンス型の HTTP では、たとえば、会員ページにログインした後、その会員情報を保持したまま、次の会員サービスのページに行くといった、ページをまたいだ情報のやり取りをすることができません。この問題を解決する方法として、**Cookie**（クッキー）という技術があります。Web サーバは、Web クライアントのアクセス履歴を記録し、その記録を識別する Cookie を Web クライアント（Web ブラウザ）に送ると、ブラウザはそれを記憶します。そして、ブラウザは、次に同じ Web サーバへリクエストするときに記憶していた Cookie を送ることで、サーバがそれにより記録していたアクセス履歴を使って、前回アクセスした状態に戻すことができるという仕組みです。

80　HTTP のプロトコルについて、通信の高速化などの改善が図れ、そのバージョンが HTTP/2、さらには HTTP/3 と進化しています。

　ところで、URL のスキーム名は、ほとんどの場合、HTTP ではなく HTTPS を使うようになっています。HTTP による通信では、データは暗号化されていない、そのままの状態（**平文という**）でインターネット上でやり取りされます。ただ、現在、Web を使った予約や問合せ、ショッピングなど、個人情報を含む情報のやり取りが頻繁に行われるようになってきました。したがって、安全な通信を行うため、HTTP での通信データを SSL/TLS [81] と呼ばれる方法で暗号化するプロトコルである HTTPS を使うのが一般的となりました。HTTP の通信の場合は、TCP のポート番号 80 を使い、HTTP の場合はポート番号 443 を使います。

> ## 💡 Tips　HTML、GET メソッド
>
> ・Web ページは、HTML（HyperText Markup Language）と呼ばれるハイパーテキストを記述する言語によって記述されたコンテンツです。このハイパーテキストは、ページ間を URL などによって結び付け、ページからページへ移動できるという特徴をもちます。ページ間を移動する仕組みのことをハイパーリンクといいます。
> ・HTTP には、GET メソッド以外にも幾つかのメソッドと呼ばれる機能があります。
> 　GET メソッド：ブラウザがサーバに Web ページをリクエストする。
> 　HEAD メソッド：Web ページの更新日などの制御情報だけをリクエストする。
> 　POST メソッド：ブラウザで入力した文字情報などのデータをサーバに送るためのメソッドで、Web を使ってやり取りを行う仕組みに利用される。

6.1.2　電子メール

> ・電子メールでは ASCII コードで書かれたテキストしか扱えないが、MIME という書式によって、各種のデータを ASCII コードの範囲の値に変換して送ることができる。
> ・SMTP はメールサーバ間でメールの送受信を行うプロトコルであり、POP3 と IMAP はメールクライアントがメールサーバから自分のメールを取り出すプロトコルである。

(1) メールアドレスと MIME

　Web と同じく、よく利用するインターネットのサービスに、電子メールがあります。**電**

81　SSL/TLS については、第 10 章で説明します。

子メールは、asai@example.com といったようなメールアドレスを使い、メールサーバ [82]（メールの送受信とメールの管理を行うソフト）とメールクライアント [83]（メーラ（mailer）と呼ばれるソフトで、メールの表示、作成や送受信を行うソフト）によってやり取りされます。メールアドレスは、

asai@example.com

ユーザ名　ドメイン名

というように、@（アットマーク）の前にユーザ名、後にドメイン名を書く構造になっています。ドメイン名はインターネット上でのメールサーバのある場所を示す情報で、ユーザ名はメールサーバが管理しているメールの利用者を識別する情報となっています。

　電子メールは、アルファベットや記号を扱う米国の文字コードである ASCII（American Standard Code for Information Interchange）で書かれたテキストしか扱うことができません。ただ、現在では、**MIME**（Multipurpose Internet Mail Extension、多目的インターネットメール拡張、マイム）という書式により、ASCII 以外のコードでアルファベット以外の色々な国の文字や、さらには、画像や動画など様々なデータが扱えるようになりました。MIME は、これらの各種データを送信するときに、それらのデータを ASCII のコードの範囲の値に変換するという方法です。また、メールのヘッダにデータの種類（type）を示す情報が付けられているので、受信側では MIME の形式で送られたデータを、その種類にしたがって元の値に戻すことで、各種データを受け取ることができます。

💡 Tips　MIME の type

・MIME には、"text"（テキスト）、"image"（画像）、"audio"（音声）、"video"（動画）、"application"（アプリケーションプログラム固有のフォーマット）などの種類を示すことのできる type があり、データの型を指定することができます。さらに、type を分類する subtype があり、text/plain（文字だけから成るテキスト）、text/html（HTML 形式のテキスト）、image/jpeg（JPEG 形式の画像）、video/mpeg（MPEG 形式の動画）、application/pdf（PDF 形式の文書）というように指定できます。

82　メールサーバとして代表的なソフトには、Sendmail（センドメール）と呼ばれる UNIX 系のオープンソースソフトウェア（Sendmail には商用版もある）や、Microsoft 社の Microsoft Exchange Server などがあります。

83　メールクライアントのことを **MUA**（Mail User Agent、メールユーザエージェント）と呼ぶことがあります。

(2) SMTP と POP

電子メールの送受信には、

・SMTP：メールサーバへのメールの送信プロトコル

・POP3 または IMAP：メールサーバからメールクライアントへのメールの読出しプロトコル

といった二つの目的の違うプロトコルが利用されます。

図 6.3 は、**SMTP**（Simple Mail Transfer Protocol、簡易メール転送プロトコル）によるメールの送信イメージを示したものです。SMTP の働きには、図の矢印①と②で示す、メールサーバ間でのメールの送受信があります。SMTP を使ってメールサーバが行う矢印①で示す機能を **MTA**（Mail Transfer Agent、メール転送エージェント）といいます。この通信では、TCP のポート番号 25 を利用します。

メールサーバは、図 6.3 のように、管理しているメールクライアントごとのメールボックスをもっており、矢印①に示すように、送られてきたメールをあて先のメールクライアントのメールボックスに格納します。すなわち、メールは届いた時点でメールクライアントに直接届けられるのではなく、メールクライアントごとのメールボックスに蓄積されるといった仕組みになっています。

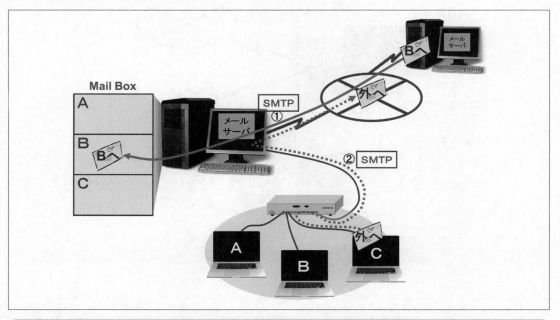

図 6.3　SMTP による電子メール送信のイメージ

　また、SMTP [84] には、図 6.3 の矢印②で示すように、メールサーバが管理しているメールクライアントから外部のメールサーバにメールの送信依頼を受けて送信するというもう一つの働きがあります。

　メールクライアント（**MUA**：Mail User Agent）が、メールサーバからメールを読み出す場合には、**POP**（Post Office Protocol）または **IMAP**（Internet Message Access Protocol）と呼ばれるプロトコルが利用されます。現在、POP はそのバージョン 3 である POP3 を、IMAP はそのバージョン 4 である IMAP4 を利用しています。これらのプロトコルは、図 6.4 に示すように、メールクライアントが、メールサーバ内にある自分のメールボックスに届いているメールを、受信するときに利用します。そして、POP の場合は、受信すると原則メールボックスにあったメールを削除します。それに対して、IMAP の場合は、受信してもメールボックスのメールを削除しないといった違いがあります。POP の通信では TCP のポート番号 110 を、IMAP はポート番号 143 を利用します。

　メールの SMTP、POP3、IMAP4 プロトコルについては、SSL/TLS で暗号化して通信する SMTPS、POP3S、IMAPS [85] というプロトコルがあります。

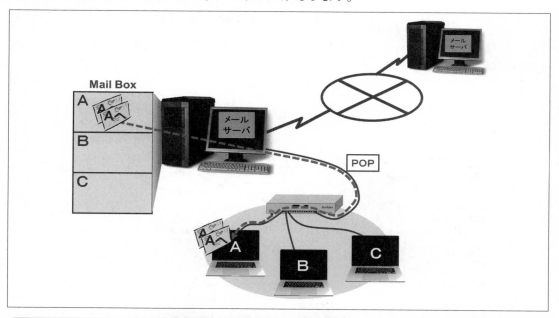

図 6.4　POP3 による電子メール受信のイメージ

84　SMTP は、メールサーバ間の MTA による転送だけでなく、メールクライアントの MUA からメールサーバにメールを送信するときにも使われます。ただし、この 2 種類の送信に対して、受信する側のメールサーバがそれらの受信を区別することができるように、メールクライアントからの送信依頼（サブミッション）のときは、通常のポート番号 25 と異なるポート番号 587 を利用するのが一般的です。

85　SMTPS、POP3S、IMAPS のポート番号は、465、995、993 です。

6.1.3　その他の通信サービス

・代表的な通信サービスを行うプロトコルに、遠隔地にあるサーバを操作する
Telnet や SSH、ファイルの転送を行う FTP や SFTP、異なる環境で動いて
いるプログラム同士で情報交換を行えるようにする SOAP などがある。

Web と電子メール以外で代表的な通信サービスを行うプロトコルを表 6.1 に紹介します。

表6.1　アプリケーション層でのプロトコル

Telnet（Telecommunication Network）、**SSH**（Secure Shell）
Telnet（テルネット）と SSH は、ネットワークを使って、遠隔地にあるサーバを操作できるようにする通信プロトコルとその操作を行うためのソフトウェア（仮想端末ソフトウェア）のことを指します。たとえば、これらのプロトコルを使うことで、家庭の PC から会社のサーバに入り（**リモートログイン**という）、会社のサーバにあるファイルを操作したり、会社に届いている自分宛の電子メールを見たりといったことが可能となります。 　　この二つのプロトコルの違いは、Telnet での通信は暗号化されていないのに対して、SSH では暗号化されているということです。したがって、現在では SSH を使うことが推奨されています。Telnet の通信では TCP のポート番号 23 を、SSH はポート番号 22 を利用します。
FTP（File Transfer Protocol）、**SFTP**（SSH File Transfer Protocol）
FTP（ファイル転送プロトコル）と SFTP は、どちらもインターネットを経由して、クライアントとサーバ間でファイルの転送を行うための通信プロトコルです。クライアントからサーバへファイルを転送することを**アップロード**、逆に、サーバからクライアントへファイルを転送することを**ダウンロード**といいます。 　　これらのプロトコルを使うことで、ファイルをネットワーク上で特定の人と共有したり、ファイルを公開して配布したり、どこからでも自分のファイルを利用できるようにしたりといった用途が可能となります。たとえば、作成した Web ページのファイルを Web サーバに転送するときなどにも利用されます。 　　この二つのプロトコルの違いは、FTP での通信は暗号化されていないのに対して、SFTP では暗号化されているということです。SFTP と同じく暗号化してファイル転送を行うプロトコルに**FTPS**（File Transfer Protocol over SSL/TLS）があります。SFTP は表の上段で説明した SSH を利用して暗号化するのに対して、FTPS は HTTPS と同じ SSL/TLS を使って暗号化します。FTP の通信では TCP のポート番号 20（データ）と 21（制御）を、SFTP は SSH と同じポート番号 22、FTPS はポート番号 989（データ）と 990（制御）を利用します。

SOAP [86]

　SOAP（ソープ）は、**XML**[87] という規格化された形式の文書を使って異なる環境で動いているプログラム同士で、情報のやり取りが行えるようにするプロトコルです。たとえば、インターネットを通じて利用できるように提供されている色々な処理（プログラムの部品、コンポーネント [88]）を、遠隔地から呼び出し（リモートプロシージャコール、遠隔手続き呼び出し）て利用する場合、その処理に必要な入出力のやり取りを SOAP で行うことができます。すなわち、共通に利用できるコンポーネントが置かれたサーバに対して、あるプログラムが SOAP を使って必要なコンポーネントを呼び出して利用することで、そのプログラム自身は呼び出した処理を行う必要がなく、インターネットを介した分散処理を実現することができます。SOAP は、その通信方法として HTTP、SMTP といったプロトコルを利用します。

6.2　IP アドレスに関連するサービス

6.2.1　ドメイン

・ドメインは、領域や範囲といった意味で、インターネットやイントラネット上での、サーバを中心に PC などをグループ化した領域を指す。

・ドメイン名を全世界的に一元管理する組織が ICANN で、日本のドメイン名は、ICANN の傘下にある JPNIC が管理している。

　Web の URL や電子メールのドメイン名は、次に示すように、ドメインの階層により構成されています。たとえば、

86　SOAP は、当初、Simple Object Access Protocol や Service Oriented Architecture Protocol の略称とされていましたが、現在は、略称ではなく名称として SOAP が使われています。

87　XML（Extensible Markup Language、拡張可能なマーク付け言語）は、異なるコンピュータ間で共通して情報交換できるように、文書やデータの意味や構造を指示するタグを付けて記述するマークアップ言語です。

88　コンポーネットの遠隔手続き呼び出しを可能にする技術には、Microsoft 社が提唱する仕様 COM（Component Object Model）と、オブジェクト指向技術の標準化と普及を推進する業界団体 OMG（Object Management Group）が定めた仕様 CORBA（Common Object Request Broker Architecture）があります。これらは、分散環境上でコンポーネントを利用するために仕様を定めたものです。

という URL の場合は、トップレベルドメイン、第 2 レベルドメイン、第 3 レベルドメイン、第 4 レベルドメインの 4 つの階層で構成されています。

ドメイン（domain）とは、範囲や領域といった意味の言葉で、ネットワークの分野では、インターネットやイントラネット上で、図 6.5 に示すように、サーバを中心とした PC をグループ化した領域を指し、それを使って階層的[89]に管理するために用います。そして、図中の kindaikagaku や cgu、co、ac、jp のそれぞれ、またはそれらの組合せ（ピリオド"."で結合した名称）をドメイン名と呼び、このドメイン名により、インターネット上のそれぞれの領域を識別することができます。

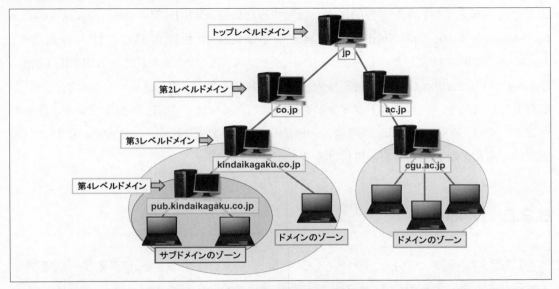

図6.5 ドメインのイメージ

トップレベルドメイン（**TLD**：Top Level Domain）は、

日本：jp、中国：ch、ドイツ：de、フランス：fr、韓国：kr、イギリス：uk

といった国別のドメイン（国コードトップレベルドメイン、**ccTLD**：country code TLD）を示しています。ただし、アメリカ合衆国の場合は ccTDL を使わないで、インターネットが始まった当初から使っていた com や net などの分野別から始まる（分野別トップレベルドメイン、**gTLD**：generic TLD）を使っているため、国別のドメインを付けないのが一般的です。

---

89 各レベルのドメイン名は、図 6.5 に示すように階層的な構造となっているので、この構造のことをドメインツリーといいます。また、ドメイン名で限定される範囲のことを、ネームスペース（名前空間）といいます。

　第 2 レベルドメインは、日本（jp）の場合、

　　　大学：ac、企業：co、学校：ed、政府：go、ネットワーク管理：ne、団体：or

などの組織の属性（組織種別型 JP ドメイン）を示します。

　第 3 レベルドメインには、一般的に、先の kindaikagaku（株式会社近代科学社）や cgu（中央学院大学）といった会社名や学校名に対応するドメイン名を示します。ドメイン名は、特定のドメインを識別するための名称なので、各組織が勝手にドメイン名を付けることはできません。ドメイン名を全世界的に一元管理するために **ICANN**（The Internet Corporation for Assigned Names and Numbers、アイキャン）という民間の非営利法人の組織が、1998 年に設立されました。日本での JP ドメインは、ICANN の傘下にある **JPNIC**（Japan Network Information Center、社団法人日本ネットワークインフォメーションセンター）が管理しているので、日本でのドメイン名を取得するためには、JPNIC [90] に申請する必要があります。第 4 レベルドメイン以降は、一般的に、各組織内のドメインなので、それぞれの組織内で重複のない名前を自由に付けることができます。

6.2.2　DNS

> ・DNS は、ドメイン名と IP アドレスを関連付ける仕組みを実現するサーバである。

　Web の URL や電子メールのアドレスでは、ドメイン名（ホスト名）を使って通信を行います。しかし、インターネット上で通信を行う仕組みとしては IP アドレスを使っています。ということは、インターネット上で通信を行うためには、ドメイン名と IP アドレスを関連付ける仕組み（**名前解決** [91] という）が必要となります。この仕組みを実現するサーバが、DNS（Domain Name System）と呼ばれるサーバ（**DNS サーバ**）です。

　ドメインを取得した後、それをインターネットで公開するためには、そのドメイン名と IP アドレスを関連付ける情報をもつ DNS サーバを構築し、インターネットに接続する必要

90　ccTLD（国別コードトップレベルドメイン）に .jp が付いているドメイン名（JP ドメイン）の登録・管理は、JPNIC より運用の委託を受けた株式会社日本レジストリサービス（略称：JPRS）が行っています。

91　ドメイン名から IP アドレスを調べる、または、IP アドレスからドメイン名を調べる仕組み（ソフト）のことを、名前を解決するものという意味よりリゾルバ（resolver）と呼ぶことがあります。

があります。接続された DNS サーバは、図 6.5 に示したように階層的に構成されます。

　ここで、図 6.6 に示すように、ある PC が pub.kindaikagaku.co.jp というドメインに属する PC に対して電子メールを送るとしましょう。このとき、このドメイン名に対する IP アドレスが分からない場合は、図に示すような①〜④の問い合わせを行います。

① 　ドメイン名 pub.kindaikagaku.co.jp の IP アドレスを知りたい PC は、まずは、自分が所属する DNS サーバに問い合わせます。

② 　所属する DNS サーバがそのドメイン名に対する IP アドレスを知らない場合、その DNS サーバは、ドメイン名 pub.kindaikagaku.co.jp のトップレベルドメインを管理する jp の DNS サーバに問い合わせます。

③ 　jp の DNS サーバも知らない場合は、次に、ドメイン名 pub.kindaikagaku.co.jp の第 2 レベルドメインを管理する co.jp の DNS サーバに問い合わせます。

④ 　co.jp の DNS サーバも知らない場合は、次に、ドメイン名 pub.kindaikagaku.co.jp の第 3 レベルドメインを管理する kindaikagaku.co.jp の DNS サーバに問い合わせます。ここまで来れば、pub.kindaikagaku.co.jp は kindaikagaku.co.jp のサブドメインなので、当然、その IP アドレスを知っています。

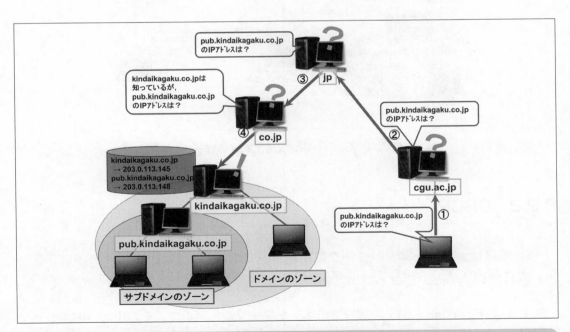

図 6.6　DNS サーバによる名前解決の様子（前半）

　ドメイン名に対応する IP アドレスが分かったら、次に、図6.7の⑤〜⑧に示すように、図6.6の逆ルートで知り得た IP アドレスの情報を、最初に尋ねた PC まで戻します。これにより、PC はドメイン名を IP アドレスに置き換えてあて先に通信することができます。このとき、それぞれの DNS サーバは、今回知り得たドメイン名と IP アドレスの関係付けの情報をそれぞれのデータベースに記録します。この情報の学習により、それ以降の DNS への問い合わせ回数を少なくすることができます。

　ドメイン名から IP アドレスを求めるこの一連の動作を、**正引き**（せいびき、Forward Lookup）といいます。逆に、IP アドレスよりドメイン名を調べることがあり、このときの検索動作を**逆引き**[92]（Reverse Lookup）といいます。

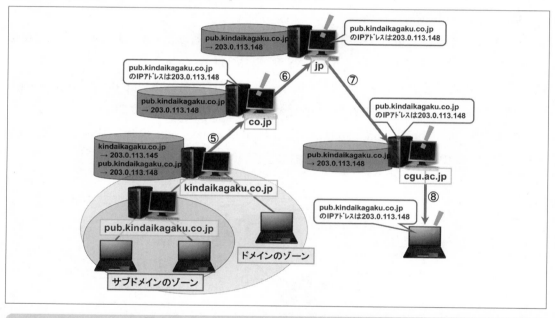

図 6.7　DNS サーバによる名前解決の様子（後半）

6.2.3　DHCP

・DHCP は、PC がネットワークに接続されたときに、自動的に IP アドレスを割り振る仕組みのプロトコルである。

　図 6.8 は OS（Windows11 の例）でのネットワーク設定画面で、その中に「IP 割り当て

92　一般に、逆引きが行われることは余りありません。たとえば、逆引きは迷惑メールを送ってきたサーバを突き止めるといった場合などに、利用することができます。

自動（DHCP）」と書かれた箇所があります。

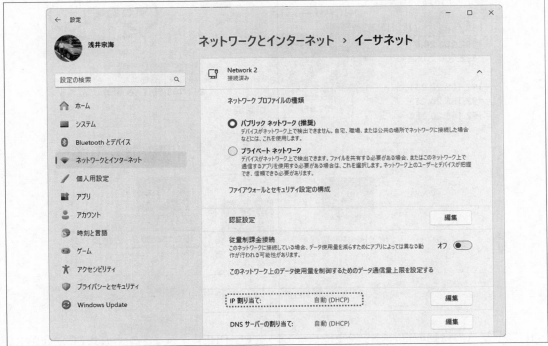

図 6.8　IP アドレスの取得画面

　PC（ホスト）をネットワークに接続する場合、IP アドレスを自動で取得する方法と手動で設定する方法があります。後者の手動で行う方法とは、図 6.8 の「IP 割り当て　自動（DHCP）」横にある「編集」ボタンを使って、特定の IP アドレスの値を直接書き込む方法です。しかし、現在、企業や学校では、前者の自動で IP アドレスを取得する方法が多く採用されています。なぜなら、間違った IP アドレスを入力してしまいネットワークに参加できないといったトラブル対応や、PC の移動などによる IP アドレスの変更といった設定作業の手間を省くことができるからです。

　IP アドレスを自動的に取得する方法を実現するためには、図 6.9 に示すように、**DHCP**[93]（Dynamic Host Configuration Protocol）サーバとそのプロトコルである DHCP を利用します。DHCP サーバは、図のように、各 PC に割り当てることのできる IP アドレスのリストをもっています。

93　家庭で IPS（プロバイダ）と契約してインターネット利用する場合に設定するブロードバンドルータは、一般的に、この DHCP の機能を備えています。したがって、家の PC を接続する場合のネットワーク設定では、IP アドレスの自動取得にすることが普通です。

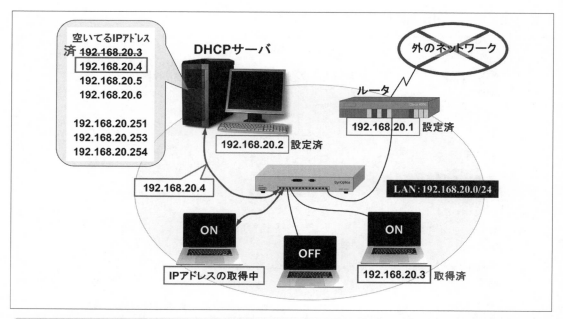

図 6.9　DHCP を使った IP アドレスの取得の様子

　IP アドレスの自動取得という設定になっている PC（DHCP クライアント）は、PC が起動し、ネットワークに参加する時点で、次のような手順で DHCP サーバに IP アドレスを要求し、IP アドレスを取得します。

① IP アドレスを取得したい DHCP クライアントは、ブロードキャストアドレスを使って IP アドレスの取得を要求する情報を送ります。

② ①の要求を受け取った DHCP サーバは、IP アドレスのリスト（アドレスプールと呼ぶ）より、空いている IP アドレスを取り出し、そのアドレスの情報を要求した DHCP クライアントに返します。このとき与えられる IP アドレスは恒久的なものではなく、一時的に貸し出す（リース）という方法をとっています。さらには、貸出の時間は 30 分といったように時間制限（リース時間）もあります。

③ ②を受け取った DHCP クライアントは、その値を設定した後、受け取った IP アドレスを使って通信を行います。ただ、リース時間が過ぎてしまうと使えなくなるので、その前に、再度 DHCP サーバ[94] に対して、継続利用の要求を出す必要があります。

94　DHCP サーバは、IP アドレスを貸し出すとき、貸し出した DHCP クライアントの MAC アドレスを管理します。これにより、どの PC にどの IP アドレスを貸し出したかを確認することができます。

　以上のように DHCP を使うことで、IP アドレスを柔軟に運用することができます。最近では、無線 LAN とノート PC を使って、PC を会社のどこに移動してもネットワークを利用できる環境が求められており、特に、このようなときに DHCP は有効な手段となります。

この章のまとめ

1 HTTP は、Web クライアントの要求により、Web サーバが Web ページを送信するためのプロトコルである。URL は、インターネット上に点在する Web ページなどの情報資源の所在地を示す情報である。

2 SMTP はメールサーバ間でメールの送受信を行うプロトコルであり、POP3 と IMAP はメールクライアントがメールサーバから自分のメールを取り出すプロトコルである。電子メールは ASCII コードのテキストしか扱えないが、MIME の書式によって、各種データを ASCII コードの値に変換して送ることができる。

3 HTTP や SMTP 以外で通信サービスを行う代表的なプロトコルに、遠隔地にあるサーバを操作する Telnet や SSH、ファイルの転送を行う FTP や SFTP、異なる環境で動いているプログラム同士で情報交換を行えるようにする SOAP などがある。

4 ドメインは、インターネットやイントラネット上での、サーバを中心に PC などをグループ化した領域である。インターネットのドメイン名を全世界的に一元管理する組織が ICANN で、日本のドメイン名は、JPNIC が管理している。

5 DNS は、ドメイン名と IP アドレスを関連付ける仕組みを実現するサーバである。

6 DHCP は、ホストがネットワークに接続されたときに、自動的に IP アドレスを割り振る仕組みのプロトコルである。

|練|習|問|題|

問題1　HTTP と SMTP と POP の各プロトコルの役割について簡単に説明
　　　しなさい。また、HTTP と SMTP の通信で使われる場所や相手を特
　　　定する情報の名称を答えなさい。

問題2　ASCII コードのテキストしか扱えない電子メールで、写真や音声など
　　　の各種データを ASCII コードの値に変換して送る書式の名称を答え
　　　なさい。

問題3　日本の国を示すトップレベルドメインと、大学や企業、政府機関を示
　　　す第2レベルドメインの記号をそれぞれ答えなさい。

問題4　インターネットで利用されるドメイン名を全世界的に管理している機
　　　関と日本のドメインを管理している機関の名称をそれぞれ答えなさ
　　　い。

問題5　DNS の正引きとは、どのような処理であるかを簡単に説明しなさい。

問題6　DHCP が使われる代表的な用途を一つ挙げ、簡単に説明しなさい。

第 **7** 章

ネットワークを管理する

学生　アプリケーション層の話まで終わったので、これでネットワークについてはすべて学んだということですか・・・

教師　残念でした！　ネットワークの話はまだまだ尽きません。今回は、さらに実践的で面白い話に入っていきます。

学生　えー・・・（ちょっとガッカリ）でも、実践的な内容は役立ちそうですね。

教師　そうです。今回は、今まで学んだ知識を活かして、実際のネットワークを運用するための基本技術について紹介します。この学習で、皆さんは、自分の PC の IP アドレスや通信状況を調べることができるようになります。

学生　ほんとですか！　なんか、ちょっと楽しみになってきました。がんばりまーす。

この章で学ぶこと

1　ネットワークの構成管理、障害管理、性能管理について概説する。

2　ifconfig（ipconfig）、ping、arp、netstat 、traceroute（tracert）の各コマンドの使い方を説明する。

3　ネットワーク機器の監視と SNMP について概説する。

7.1　ネットワークの運用と管理について

7.1.1　ネットワーク運用管理と構成管理

- ネットワークを快適な環境で利用するために、ネットワーク管理者は構成管理や障害管理、性能管理、設備管理、セキュリティ管理といったネットワーク運用管理を行う。
- ネットワークの構成管理では、ネットワーク構成図などを使って、ネットワークを構成する装置などの要素（物理的構成）と、IP アドレスなどのネットワーク設定に関する要素（論理的構成）を管理する。

(1) ネットワーク管理者

　PC がネットワークやインターネットにつながらない場合など、図 7.1 のようなエラー画面が表示されることがあります。そして、このような画面では、「ネットワーク管理者に〜」といった趣旨の文書が記載されることがあります。

　ネットワーク管理者とは、企業や学校といった組織全体のネットワークを運用及び管理している担当者で、ネットワークを快適な環境で利用するためには、この人たちが行っているネットワーク運用管理といった業務が重要です。ネットワーク運用管理の主な管理項目としては、構成管理や障害管理、性能管理、設備管理 [95]、セキュリティ管理 [96] があり、ここでは、構成管理と障害管理と性能管理について紹介します。

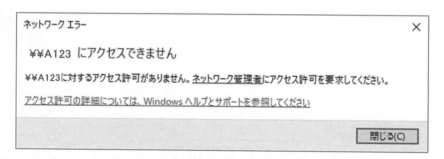

図 7.1　ネットワーク接続のエラー画面例

95　設備管理とは、サーバ室の電源や空調といったネットワークの関連機器や設備を管理する業務です。
96　セキュリティ管理については、後の第 9 章で取り上げます。

(2) 構成管理

　構成管理とは、組織のネットワークを構成するすべての機器（ハードウェア）とソフトウェア及び IP アドレスなどのネットワークの設定情報を一元的に管理することです。一元的に管理することで、ネットワークの設定変更や障害に対処するとき、その影響の範囲を適切に判断して、作業を行うことができます。

　構成管理では、ネットワーク構成を視覚的に管理するために、図 7.2 に示すような**ネットワーク構成図**[97] を作成することが一般的です。ネットワーク構成図には、図のように、ネットワークにつながる機器の結び付きの状態を表現し、各機器の IP アドレスやホスト名などを記載します。

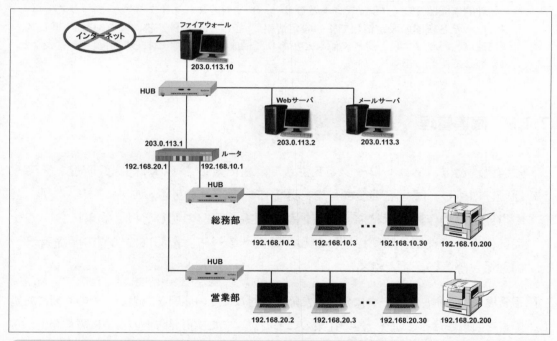

図 7.2　ネットワーク構成図の例

　また、ネットワーク構成には、表 7.1 に示すように物理的構成と論理的構成があり、それぞれが管理対象となります。一般的にはネットワーク構成図の他に、それぞれを一覧表などの文書にまとめて管理します。

97　ネットワーク構成図の書き方には、特に決まった書き方はありません。

表 7.1　物理的構成と論理的構成

物理的構成	
	物理的構成には、PC（クライアント及びサーバ）や NIC（ネットワークカード）、ハブ、ルータといったネットワークを構成する機器やケーブルといったハードウェアと、PC にインストールされている Web ブラウザや Web サーバ、メーラ、メールサーバ、OS といったネットワーク関連のソフトウェアなど、ネットワークのすべての構成要素が含まれます。 　この構成管理では、機器のメーカや機種名、型番、設置場所を一覧表などに整理して記載して台帳をつくります。また、ソフトウェアについては、製品名やバージョンを記載して管理します。特に、ソフトウェアでは、互換性やセキュリティ上の問題が発生したときのために、製品名だけではなく**バージョン管理**を行うことが重要です。
論理的構成	
	論理的構成は、PC（クライアント及びサーバ）や NIC（ネットワークカード）、ハブ、ルータといった各機器の設定情報です。設定情報[98]としては、IP アドレスや MAC アドレス、通信速度、バッファ長、タイマ値などがあり、構成管理では、これらの情報を一覧表などに整理して記載します。

7.1.2　障害管理

・障害管理とは、ネットワークで発生した障害に対してその原因を究明し、その原因に対処し、障害を回復させる一連の作業のことである。
・障害発生時の作業の流れは、障害情報の収集、障害の切り分け、影響についての関係者への連絡、障害の切り離し、障害への対応、復旧についての関係者への連絡、障害の記録となる。

　障害管理とは、ネットワークに発生した障害に対してその原因を究明し、その原因に対処し、障害を回復させるという一連の作業のことです。また、再発防止のために障害発生から回復までの一連の作業を記録します。さらに、ネットワークの障害を未然に防ぐためにネットワーク機器の状態[99]を定期的に調べ、調べた結果を記録（**ログ**）する作業や、**ヘルプデスク**としてネットワーク利用者の問題や質問に対して答える作業についても障害管理に含まれます。ネットワークに障害が発生してから復旧までの作業の流れは、図 7.3 のようになり、それぞれの作業内容は、次の①〜⑦のようになります。

98　通信速度は、NIC やハブといった機器の通信速度の他に通信回線の通信速度もあります。バッファ長とタイマ値は、サーバやルータが一時的に蓄積するネットワーク情報を記憶する領域の大きさや、その情報を記憶している時間の設定値のことです。

99　機器の状態を管理する方法として、次節で説明する SNMP（Simple Network Management Protocol、簡易ネットワーク管理プロトコル）が使われます。

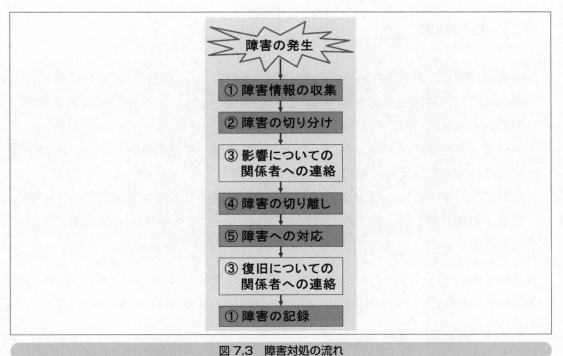

図 7.3　障害対処の流れ

① 障害情報の収集：障害が発生した日時と場所、その種類や発生時の状況などを調べます。

② 障害の切り分け：特定の PC の通信ができなくなったとしても、その PC の故障とは限りません。故障箇所は PC をつなげるケーブルやハブといった可能性もあります。したがって、ここでは、真の故障箇所であるネットワークの構成要素を特定します。

③ 影響についての関係者への連絡：特定した構成要素を切り離す作業により、影響を受ける利用者に対して、事前にネットワークサービスの中断などの影響について連絡します。

④ 障害の切り離し：障害となっている構成要素をネットワークから切り離します。

⑤ 障害への対応：この段階で障害の発生箇所である構成要素はつきとめられていますが、障害の原因とその対処方法が分かっていない場合があります。分かっている場合は、その故障を直して復旧します。分かっていない場合は、緊急措置として、切り離した機器の代替機を用意するなどして復旧します。

⑥ 復旧についての関係者への連絡：影響を受けていた利用者に対して、ネットワークが復旧したことを連絡します。

⑦ 障害の記録：一連の復旧措置について記録します。また、再発防止のために、障害が起こった原因を分析して、その対処方法、さらには予防方法について記録します。後日、この記録を運用マニュアルに反映します。

7.1.3 性能管理

> ・性能管理とは、ネットワークの性能を示すトラフィック量やレスポンスタイム（応答時間）、帯域幅の値を測定し、これらの値を一定のレベルに維持するための活動である。
> ・トラフィック量とは、ネットワーク上を流れるデータ量のことであり、単位時間当たりのトラフィック量のことを呼量という。
> ・レスポンスタイムは、要求を出してから結果が戻ってくるまでの時間のことであり、帯域（幅）は、周波数の範囲のことで、一般にヘルツ（Hz）の単位で示される。

　性能管理とは、ネットワークの性能を示すトラフィック量、レスポンスタイム（応答時間）や帯域幅の値を測定し、これらの値を一定のレベルに維持するための活動です。この三つの値の意味を表 7.2 に示します。

表 7.2　トラフィック量、レスポンスタイム、帯域幅

トラフィック量
トラフィック量とは、ネットワーク（伝送路）上を流れるデータ量のことであり、1 秒間といった単位時間当たりのトラフィック量のことを**呼量**といいます。また、ネットワークが単位時間当たりに通信できるデータ量のことを**回線容量**（**伝送路容量**）といいます。性能管理では、呼量を定期的に調べます。その値が、常々回線容量に近い値であった場合、ネットワークが通信できる限界値に近づいていることが分かります。 　トラフィック量と呼量と回線容量の関係は、たとえば、6k バイトのトラフィック量に対して、それを 5 秒以内に送信するといった要求があった場合、呼量は、 <div align="center">$6{,}000 \times 8 \div 5 = 9{,}600$（bps）</div>という計算により、9.6k ビット／秒となります。このとき、呼量と回線容量が等しいと通信に余裕がないので、たとえば、呼量が回線容量の 60% ぐらいになるようなデータ転送速度のネットワークを考えると、 <div align="center">$9{,}600 \div 0.6 = 16{,}000$（bps）</div>という計算により、回線容量が 1.6k ビット／秒となり、このぐらいの性能をもったネットワークが必要であることが分かります。

レスポンスタイム（応答時間）
レスポンスタイムとは、要求を出してから結果が戻ってくるまでの時間のことで、クライアントサーバシステムの場合は、クライアントが要求を発してから、サーバの結果がクライアントに戻ってくるまでの時間となります。

帯域（周波数帯域、帯域幅、バンド幅、Bandwidth）
帯域（幅）は、周波数の範囲のことであり、一般にヘルツ（Hz）の単位で示されます。ディジタル通信の場合、ディジタル信号の周期にビット情報を乗せて伝送するので、帯域幅とデータ転送速度は密接な関係（比例関係）があります。関係が 1 対 1 の場合も多く、その場合は、帯域幅が 33MHz とするとディジタル通信の回線容量は 33Mbps となります。したがって、帯域幅と回線容量を同じもののように扱うことがよくあります。

　性能管理の対象となるものとして、表 7.2 に示したもの以外としては、通信エラーによる再送回数や輻輳回数、回線利用率、通信機器の CPU 使用率、バッファ[100] の使用率などがあります。性能管理では、これらの項目について定期的に測定し、それらの値が事前に想定した上限値や下限値の範囲に収まっているかを監視します。

　そして、定期的に測定した値を蓄積し、ネットワークの利用環境の改善計画などに反映します。このように、ネットワークを含め、情報システムの通信や処理能力を管理をする活動を**キャパシティ管理**といいます。また、情報システムを構築するにあたって、事前に必要となる能力を見積もることを**サイジング**といい、サイジングに従って情報システムの能力を設計することを**キャパシティプランニング**といいます。

💡 Tips　　輻輳、回線利用率

・トラフィック量が増大し、回線容量の限界を超えて通信ができなくなる状態を**輻輳**といいます。輻輳が発生する回数を輻輳回数といい、これも性能管理の対象となります。
・回線容量に対して、実際に使用している単位時間当たりの通信量（呼量）の割合を**回線利用率**といいます。すなわち、

$$回線使用率 = \frac{呼量}{回線容量}$$

という関係になります。回線使用率が極端に低くても高くても利用として問題があるため、この値も性能管理の対象となります。

100　このときのバッファは、通信に際して、一時的に通信データを蓄えておくことのできる記憶場所のことです。

💡 **Tips**　**キャパシティプランニング**

・キャパシティプランニングでは、具体的には次のような一連の活動を行います。

① 導入するシステムの処理量（実行時のトラフィック）や取り扱うデータ量、処理内容を明確にし、これを基にレスポンスタイム（応答時間）やスループット（単位時間あたりに処理できるデータ量）などの性能要件を決定します。

② ①の性能要件から CPU や HDD、ネットワークといったコンピュータ資源の具体的な性能を見積もり、キャパシティプランニングを行います。

③ キャパシティ管理では、キャパシティプランニングに基づいて導入したシステムに対して、サイジングの評価や今後のシステムの拡張の必要性を検討するために、システムの性能を継続的にモニタリング（監視）します。

④ システムの更新時には、モニタリングの結果を考慮し、システム性能の適正化を図ります。

7.2　IP ネットワークを調べる方法

7.2.1　ipconfig、ifconfig

・ipconfig（Windows）、ifconfig（UNIX）は、その PC の IP アドレスなど、ネットワークの設定情報を調べるためのコマンドである。

　ネットワークの障害管理や性能管理を行う場合、ネットワークの状態を診断する方法が必要となります。実は、これらの管理を行うためのプロトコルとプロトコルを使うためのコマンド（処理を指令する命令）が用意されています。代表的なコマンドである ipconfig、ifconfig、ping、arp、netstat、tracert、traceroute と、ICMP、SNMP と呼ばれるプロトコルについて紹介します。

　Linux などの UNIX 系の OS では、ネットワークの設定情報を調べるためのコマンド **ifconfig** が用意されています。Microsoft 社の OS である Windows には、UNIX の ifconfig と同じ役割のコマンド **ipconfig** [101] が用意されています。図 7.4 は、Windows のコマンドプロンプト [102] を使って、ipconfig を実行した様子を示しています。図の最初の行でコマンド

101　ipconfig は、IP Configuration の略で、Configuration にはシステムの構成といった意味です。

102　コマンドプロンプトは、Windows のスタートメニューの Windows ツールの中に用意されたアプリケーションソフトで、OS をコマンドにより操作するときに利用します。

ipconfig を使って「C:\>ipconfig /all」と入力した結果の例が、2 行目以降に表示されています。
このとき、「/all」というオプションを付けないで「C:\>ipconfig」というように入力すると、
基本的なネットワークの設定情報のみが表示されます。

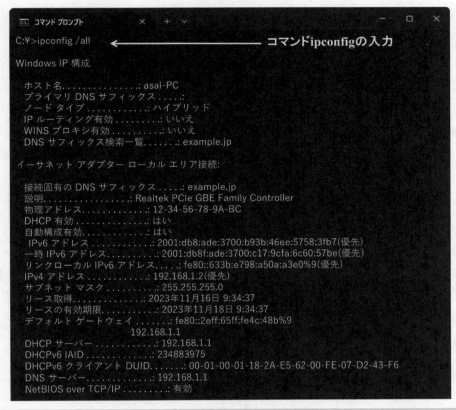

図 7.4　コマンド ipconfig の利用例

　図 7.4 に示す「Windows IP 構成」以降に表示されている 6 行分の情報は、Windows の
OS 固有のネットワークである NetBIOS（ネットバイオス）[103] に関する設定 [104] の状況を示し

103　Windows は、Windows 同士の PC をネットワークでつなぐため NetBIOS（ネットバイオス）とい
　　う プロトコルを使って、PC 間でファイルやプリンタの共有を行います。
104　図 7.4 の「Windows IP 構成」以降の項目は、NetBIOS に関する設定を示しています。
　　・ホスト名：PC のネットワーク上での名称です。
　　・プライマリ DNS サフィックス：PC が NeBIOS でつながるネットワークに参加している場合、ド
　　　メイン名を表示します。
　　・ノードタイプ：NeBIOS でつながるネットワークのホストの名前を調べる方式を表示しています。
　　　ブロードキャストやピアツーピア（WINS サーバを利用）といった方式があります。ハイブリッド
　　　はその両方を利用する方式です。
　　・IP ルーティング有効：IP によるルーティングが有効になっているか否かを表示しています。
　　・WINS プロキシ有効：WINS（Windows Internet Name Service）と呼ばれる、NetBIOS での名
　　　前解決を行うサーバが有効であるか否かを表示しています。
　　・DNS サフィックス検索一覧：所属ドメイン名を表示しています。

ています。図の「イーサネット アダプタ ローカル エリア接続 :」以降に、この PC の NIC（LAN カード）の情報や IP アドレスの情報が表示されており、次のような意味を表しています。

- 接続固有の DNS サフィックス：Windows 固有のネットワーク設定の情報で、NIC が接続されるネットワークにドメイン名が設定されている場合は表示されます。
- 説明：NIC の製品の名称が表示されます。
- 物理アドレス：NIC がもつ MAC アドレスが表示されます。
- DHCP 有効：DHCP を利用しているか否かが表示されます。
- 自動構成有効：Windows が自動で IP アドレスを設定する機能を利用しているか否かが表示されます。この機能が有効（はい）の場合、DHCP で IP アドレスが取得できなかった場合に、Windows が適当な IP アドレスを設定します。
- IPv6 アドレス、一時 IPv6 アドレス、リンクローカル IPv6 アドレス：PC には三つの IPv6 の IP アドレスが設定されます。固定的に設定されている IP アドレスと、PC 起動時などに変更される一時的に割り当てられる IP アドレスと、外部のネットワークでは利用できないローカルな IP アドレスの三つが設定されており、それが表示されます。
- IPv4 アドレス：PC に設定されている IPv4 の IP アドレスが表示されます。
- サブネットマスク：設定されている IPv4 の IP アドレスに対するサブネットマスクの値が表示されます。
- リース取得、リースの有効期限：IP アドレスを DHCP より取得した日時とその有効期限が表示されます。
- デフォルトゲートウェイ：ゲートウェイとして設定されている IP アドレス（IPv6 と IPv4）が表示されます。
- DHCP サーバー、DNS サーバー：PC が利用する DHCP サーバーと DNS サーバーの IP アドレスが表示されます。
- DHCPv6 IAID、DHCPv6 クライアント DUID：IPv4 で DHCP を利用する場合、MAC アドレスで PC を区別しますが、IPv6 で DHCP を利用する場合には、MAC アドレスの代わりに、IAID や DUID を PC の識別番号として使っており、その番号が表示されます。
- NetBIOS over TCP/IP：Windows 専用のネットワークプロトコル（NetBIOS）と TCP/IP の両方を利用できるようにするか否かが表示されます。

7.2.2　ICMP

・ICMP は、ネットワークの動作状況を監視する目的のトランスポート層のプロトコルである。このプロトコルを利用する場合、ping や traceroute といったコマンドを利用する。

(1) ping

ICMP（Internet Control Message Protocol、インターネット制御通知プロトコル）とは、ネットワークの動作状況を監視する目的のプロトコルで、TCP と同じトランスポート層のプロトコルです。このプロトコルを利用する場合は、ping や traceroute（Windows では tracert）といったコマンドが利用します。

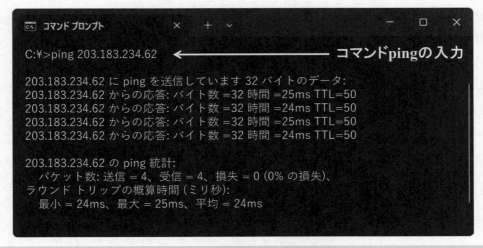

図 7.5　コマンド ping の利用例

図 7.5 は、コマンド **ping**（ピング）を実行した様子を示しています。図の最初の行「C:\>ping 203.183.234.62」でコマンド ping を入力し、2 行目以降にその結果が表示されています。

コマンド ping は、指定した IP アドレスのホストとつながっているかを確認する目的のコマンドで、図の例では、この PC が IP アドレス 203.183.234.62 のホストとつながっているかを調べた結果を表示しています [105]。IP アドレスの代わりに「C:\>ping www.kindaikagaku.co.jp」といったようにホスト名を書いて調べることもできます。

　図 7.5 の「203.183.234.62 に ping を送信しています 32 バイトのデータ:」以降の行に、IP アドレス 203.183.234.62 のホストとの接続結果が表示されています。

203.183.234.62 からの応答 : バイト数 =32 時間 =25ms TTL=50

といった表示が 4 回繰り返されています。この表示から、32 バイトの大きさのパケットを送ったところ、送信してから受信するまでに 25 ミリ秒 [106] かかったことが分かります。TTL（Time To Live）は、到達するまでに何個のルータを通ったかというホップ数を示しており、実際には、ある初期値（64、128 や 255 など）よりホップ数を引いた値が表示されます。この例では、初期値が 128 なので、128 − 50 より 78 のルータを通ったことが分かります。

　図の「203.183.234.62 の ping 統計:」以降の行には、上記の 4 回のパケットの通信結果が表示されます。図の例では、4 回の送信（送信 = 4）に対して、4 回とも受信（受信 = 4）が成功し、失敗は 0 回（損失 = 0）であったことを示しています。また、「ラウンドトリップの概算時間（ミリ秒）:」以降の行には、上記の 4 回のパケットの通信時間の状況が表示されます。図の例では、4 回の通信時間の最小が 24 ミリ秒、最大が 25 ミリ秒、平均が 24 ミリ秒であったことが分かります。

(2) traceroute、tracetr

　図 7.6 は、Windows によりコマンド **tracert**（Linux などの UNIX 系の OS の場合は、コマンド **traceroute**）を実行した様子を示しています。図の最初の行「C:\> tracert 203.183.234.62」でコマンド tracert を入力し、2 行目以降にその結果が表示されています。コマンド tracert は、指定した IP アドレスのホストに到達するまでの経路、すなわち、ルーティングによって通過したルータの情報とその数を表示します。図の例では、通過した 17 のルータの情報と、各ルータのレスポンスタイム（応答時間）を 3 回測定した結果をそれぞれ示しています。

　図の中に「要求がタイムアウトしました。」と表示されている行がありますが、これは通過したルータで ICMP を許可していないものがあった場合に表示されます。

105　図 7.5 に示す実行結果は、IP アドレス 203.183.234.62 のホストとの接続が成功した例であり、失敗した場合は、「要求がタイムアウトしました。」と表示されます。

106　25 ミリ秒は、1000 分の 25 秒なので、0.025 秒となります。

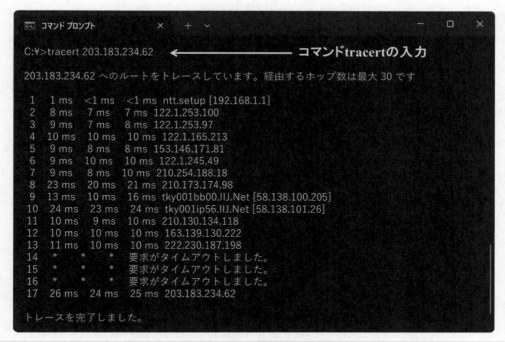

図 7.6　コマンド tracert の利用例

7.2.3　コマンド arp、netstart

> ・コマンド arp は、プロトコル ARP を使って、その PC に HUB などによって
> 　直接つながっているノード（PC）の IP アドレスと MAC アドレスを記録した
> 　ARP テーブルの情報を表示する。
> ・netstat は、その PC の TCP や UDP によるコネクションの状態を表示する。

(1) arp

　コマンド **arp** は、第 3 章で紹介したプロトコル ARP を使って、現在の PC の NIC に HUB などによって直接つながっているノード（PC）の IP アドレスと MAC アドレスを記録した **ARP テーブル**の情報を表示するコマンドです。図 7.7 は、コマンド arp を実行した様子で、最初の行「C:\>arp -a」はコマンド arp の入力で、2 行目以降にその結果が表示されています。

　図 7.7 の例では、IP アドレス 192.168.1.36 が設定された NIC につながっているノードは 10 あり、それぞれの IP アドレス（インターネットアドレス）と MAC アドレス（物理アドレス）が表示されています。種類の箇所に表示された動的（dynamic）は一定時間が過ぎると削除される情報（定期的に更新される情報）であることを示しており、静的（static）は固定的

に設定された情報で削除されない情報であることを示しています。

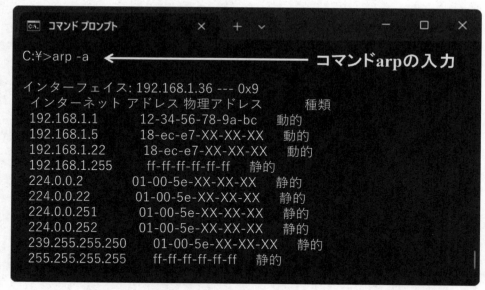

注：アドレス情報については情報を隠すため一部 X で表示しています。

図 7.7　コマンド

💡 Tips　コマンド arp のオプション

・コマンド arp には、「arp -a」以外に、次のような使い方があります。

arp –s *IP アドレス MAC アドレス*：ARP テーブルに指定した IP アドレスと MAC アドレスの情報を追加

arp –d *IP アドレス*：該当する IP アドレスとその MAC アドレスの情報を ARP テーブルより削除

---

(2) netstart

コマンド **netstat** は、この PC の TCP や UDP におけるコネクションの状態を表示します。図 7.8 は、netstat を実行した様子で、最初の行「C:\>netstat -a」はコマンド netstat の入力で、2 行目以降に、その結果が表示されています。

図 7.8 に表示されたプロトコルの列には、TCP と UDP の 2 種類があることが分かります。ローカルアドレスの列には、0.0.0.0 と 127.0.0.1 と 192.168.1.36 の 3 種類の IP アドレスがあり、IP アドレスの後ろには、コロン（：）の後にポート番号が表示されています。0.0.0.0 の後に付いているポート番号は、そのポートが任意の IP アドレスからの通信を待ち受けていることを表しています。たとえば、

プロトコル	ローカル アドレス	外部アドレス	状態
TCP	0.0.0.0:135	asai-PC:0	LISTENING

という行の記載にあるポート番号 135 [107] は、**RPC**（Remote Procedure Call、**リモートプロシージャコール**）と呼ばれる遠隔からの処理要求を受け付けるサービスに対応するものです。また、この行に書かれた状態を示す LISTENING は、待ち受け状態を表しています。よって、このポートが待ち受け状態にあることが分かります。

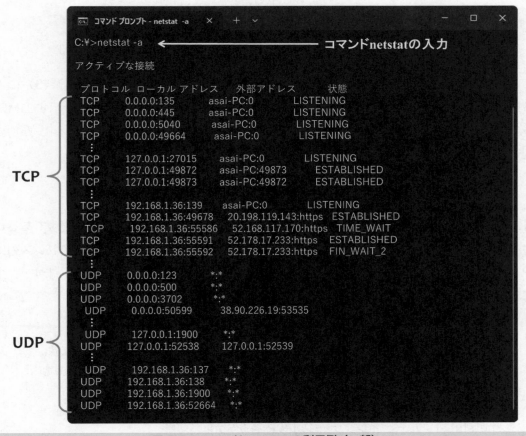

図 7.8　コマンド netstat の利用例（一部）

127.0.0.1 は**ローカルループバックアドレス** [108] と呼ばれる特別なアドレスで、自分自身を

107　ポート番号 135 は、外部からの侵入を許すことになるので、危険性のあるポートとされています。

108　ローカルループバックアドレスとしては 127.0.0.1 を使うことが一般的です。しかし、実際には IP アドレスの第 1 オクテッドが 127 であれば、127.0.0.1 ～ 127.255.255.254 のいずれの値を使ってもかまいません。

指す IP アドレスです。自分自身の PC 上のサービスと通信するときに利用され、たとえば、

TCP	127.0.0.1:49872	asai-PC:49873	ESTABLISHED
TCP	127.0.0.1:49873	asai-PC:49872	ESTABLISHED

の 2 行により、ホスト名が Asai-PC という PC が、自分自身の 49872 と 49873 の二つの番号のポートを使って、コネクションを確立していることが分かります。この二つの行に書かれた状態を示す ESTABLISHED は、コネクションが確立している状態を表しています。

192.168.1.36 は、この PC に設定されている IP アドレスであり、たとえば、

TCP　　　192.168.1.36:55586　　52.168.117.170:https　TIME_WAIT

では、この PC が IP アドレス 52.168.117.170 のサーバと https（ポート番号 443）による通信を行っていたことを示しています。このとき、この行に書かれた状態を示す TIME_WAIT は、コネクションの切断準備をしている状態を表しており、このコネクションが切断間近であることが分かります。UDP の場合、たとえば、次のような表示では、

UDP　　　0.0.0.0:123　　　　　*:*

外部アドレスの箇所に「*:*」と書かれており、これはそのポートが待ち受け状態であることを表しています。UDP の場合は、待ち受け状態と接続状態しかなく、外部アドレス列に IP アドレスとポート番号が書かれている場合は、接続されていることを表しています。

💡 Tips　　コマンド netstat のオプションと状態

- コマンド netstat には、「netstat -a」以外に、次のような使い方があります。
  netstat–s：TCP、UDP、ICMP といったプロトコルごとの通信状況を表す統計
  　情報を表示
  netstat –e：NIC ごとでの通信状況を表す統計情報を表示
  netstat -r：ルーティングテーブルの内容を表示
- TCP の状態を表す記述には、LISTENING（待ち受け）、ESTABLISHED（コネクション確立）、TIME_WAIT（コネクションの切断準備）の他に、FIN_WAIT_1（自分の側から FIN を送信した状態）、FIN_WAIT_2（FIN に対する ACK を受信した状態）、LAST_ACK（送信した FIN に対する ACK 待ち状態）などがあります。

7.2.4 ネットワーク機器の監視

> ・ネットワーク機器の監視（モニタリング）では、死活の検知、不正侵入の検知、リソースの監視といった管理を行う。
> ・SNMP はネットワーク機器を監視するためのプロトコルで、SNMP マネージャと呼ばれる管理ツールによって利用できる。

ネットワーク機器の監視（モニタリング）では、概ね次の三つの管理を行います。

・死活の検知：対象となるネットワーク機器に定期的に接続し、その応答を確認することで、装置が稼働していることを確認します。先のコマンド ping などが使えます。

・不正侵入の検知：外部からの不正アクセスがないかなどについて確認します。この監視には、**IDS**（Intrusion Detection System）と呼ばれる侵入検知システムを導入して行います。IDS は、たとえば ID やパスワードを総当たりで送りつけるといった、不正侵入と思われる通信パターンを識別して警告を発したり、特定の IP アドレスからの通信を止めたりします。また、**IPS**（Intrusion Prevention System）と呼ばれる不正侵入防御システムがあり、これを導入することで、侵入を防御することができます。

・リソースの監視：ネットワーク機器のダウンを防ぐために、HDD やメモリの空き容量、CPU やネットワークに対するトラフィック（通信されるデータ量）が一定数値を超えていないかなど、その原因となり得る事項を監視します。この監視に SNMP が利用されます。

SNMP [109]（Simple Network Management Protocol）とは、IP ネットワーク上のネットワーク機器を監視するためのプロトコルで、SNMP マネージャと呼ばれる管理ツールを使って監視を行います。監視対象となるサーバやルータ、ネットワークプリンタなどのネットワーク機器に、SNMP エージェントという動作状況を報告するソフトを用意し、SNMP マネージャと情報交換を行えるようにします。SNMP エージェントは、MIB（Management Information Base：管理情報領域）という記憶領域を用意し、この領域に機器の動作状態を示す情報を蓄積して、SNMP マネージャの要求があったとき、その情報を送信する仕組みになっています。

109　SNMP マネージャと呼ばれる管理ツールとしては、Net-SNMP が有名で、フリーソフトとして提供されています。

この章のまとめ

1 ネットワークを快適に利用するために、ネットワーク管理者は構成管理や
障害管理、性能管理、設備管理、セキュリティ管理といったネットワーク
運用管理を行う。

2 構成管理では、ネットワーク構成図などを使って、ネットワークの物理的
構成と論理的構成を管理する。障害管理では、ネットワークで発生した障
害に対して、その原因を究明し、その原因に対処し、障害を回復させる。
性能管理では、ネットワークのトラフィック量やレスポンスタイム（応答
時間）、帯域幅の値を測定し、これらの値を一定のレベルに維持する。

3 トラフィック量とは、ネットワーク上を流れるデータ量のことであり、単
位時間当たりのトラフィック量のことを呼量という。レスポンスタイムは、
要求を出してから結果が戻ってくるまでの時間のことであり、帯域（幅）は、
周波数の範囲のことである。

4 ifconfig（UNIX）、ipconfig（Windows）は、その PC の IP アドレスなど、
ネットワークの設定情報を調べるためのコマンドである。

5 ICMP は、ネットワークの動作状況を監視する目的のトランスポート層の
プロトコルで、ping や traceroute といったコマンドを利用する。

6 コマンド arp は、その PC に直接つながっているノード（PC）の IP アド
レスと MAC アドレスを記録した ARP テーブルの情報を表示する。

7 コマンド netstat は、その PC の TCP や UDP によるコネクションの状
態を表示する。

8 ネットワーク機器の監視（モニタリング）では、死活の検知、不正侵入の
検知、リソースの監視といった管理を行う。この管理のためにプロトコル
SNMP と管理ツールの SNMP マネージャが利用される。

練 習 問 題

問題 1 　構成管理で管理する二つの構成の名称と、それぞれの意味を簡潔に説明しなさい。

問題 2 　障害管理の作業の流れを、簡潔に説明しなさい。

問題 3 　性能評価の尺度となるトラフィック量、レスポンスタイム、帯域幅のそれぞれの意味を簡潔に説明しなさい。

問題 4 　コマンド ifconfig と ipconfig の用途を簡潔に説明しなさい。

問題 5 　コマンド ping と traceroute（tracert）の用途を簡潔に説明しなさい。

問題 6 　コマンド arp と netstat の用途を簡潔に説明しなさい。

問題 7 　ネットワーク機器の監視と SNMP について、それぞれの意味を簡潔に説明しなさい。

第8章

情報セキュリティについて

教師　今回からは、ネットワークやコンピュータを安全に利用するための学習を始めます。

学生　ネットワークの安全って、セキュリティのことですか？
コンピュータウイルスに関係するような話ですよね。

教師　えー！・・・（ちょっとビックリ）よく知っていますね。

学生　先生〜今時の学生は、高校のときに、情報の授業でそのくらいのことは、みんな習っていますから！

教師　失礼しました。それでは、その重要性も知っていると思いますので、現在の情報システムを利用するためには避けて通れない、情報セキュリティの学習を始めましょう。今回は、情報セキュリティ全般の内容を取り上げます。

この章で学ぶこと

1　情報資産、リスク、脅威、脆弱性の意味とそれらの関係について概説する。

2　なりすましやクラッキング、フィッシング詐欺、マルウェア、DoS 攻撃、ファイル交換ソフト、SQL インジェクション、クロスサイトスクリプティングについて概説する。

3　情報セキュリティマネジメント、リスクマネジメントについて概説する。

8.1 情報資産とそのリスク

8.1.1 情報資産のリスク

・著作物や発明といった知的財産、企画や研究などの社外秘の情報、顧客の個人情報などの守るべき情報を情報資産という。
・リスクは、情報資産に対する破壊、改ざん、紛失といった危険性であり、脅威は、リスクとなる事象であり、脆弱性は、脅威を引き起こす原因である。

(1) 情報に対する危険性

　図 8.1 は、コンピュータウイルスに感染した PC 画面の一例です。インターネットなどを通じて、コンピュータウイルスに感染することで、コンピュータやデータが使えなくなるといった色々な問題が発生します。その問題の中でも、特に深刻な問題が、PC やサーバの中にあった情報が失われたり、さらには、それらの情報がインターネットを伝って外部に漏えいしたりといった、コンピュータ内の情報に及ぼされる危害です。

図 8.1　コンピュータウイルスの感染イメージ

　図 8.1 は、**ランサムウェア**（身代金要求型ウイルス）攻撃に感染した PC の画面のイメージです。この攻撃は、PC やサーバ内のデータが勝手に暗号化されて、データが利用できなくなってしまい、暗号を解く（復号）ために金銭が要求されるというものです。したがって、ネットワークやコンピュータを安全に利用するには、このような危険性についての知識とその基本的な対策を知っておくことが重要です。

(2) 情報資産、リスク、脅威、脆弱性

　企業は、その活動を行う上で多くの情報を利用しており、この中には破壊、改ざん、紛失といった危険から守らなければならない重要な情報が含まれます。このような、守るべき情報を**情報資産**といいます。たとえば、著作物や発明といった知的財産に関する情報、企画や研究の社外秘の情報、顧客の個人情報[110] などが情報資産です。情報資産には、その情報自体に加えて、それを記載した紙、その情報を PC で利用できるように記録したファイルやデータベースといったディジタルデータ、また、ディジタルデータを格納した HDD や SSD[111]、USB メモリなどの記憶媒体、さらには、その情報が入った PC などの装置も含まれます。

　これらの情報資産を破壊、改ざん、紛失といった危険性（**リスク**、risc）から守る必要があります。それは、たとえば企業が保有する個人情報を紛失などの原因で漏えいしてしまったら、その企業には、社会的な信頼の損失や業務停止、賠償といった被害が発生し、大きな打撃を受けてしまいます。したがって、情報資産に対するリスクを最小限にする活動が必要であり、そのためには、リスクとなる**脅威**（threat）を洗い出し、脅威の原因となる**脆弱性**（vulnerability）を明確にして対策を考える必要があります。

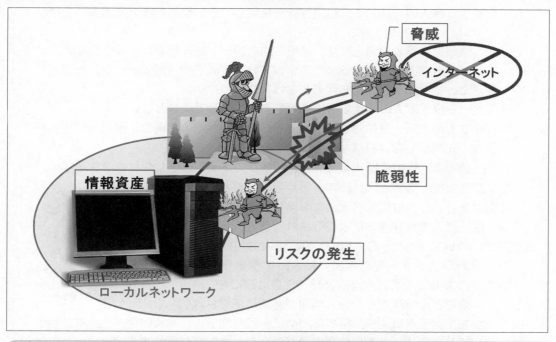

図 8.2　情報資産に対するリスク、脅威と脆弱性の関係のイメージ

110　個人情報とは、生存する個人を特定できる氏名、生年月日や住所などの情報のことを指します。

111　SSD（Solid State Drive）は、USB メモリと同じフラッシュメモリを利用した HDD と同じ補助記憶装置です。

　脅威にはコンピュータウイルスや停電、誤操作といったものがあります。その中で、コンピュータウイルスの脅威については、図 8.2 に示すように、最新のウイルスにも対応できるウイルス対策ソフトがあれば、それを防ぐことができます。ただ、最新のウイルスには対応できないウイルス対策ソフトである場合は、その脆弱性によりコンピュータウイルスに感染してしまう可能性が残ります。そして、リスク、情報資産、脅威、脆弱性には、情報資産が増えれば脅威が高まり、脆弱性が拡大すれば脅威が高まり、脅威が高まればリスクが増大するという関係があります。したがって、不要となった情報資産は廃棄や消去し、また、脆弱性を減らすために情報資産を不用意に色々な媒体に保存しないといったルールが重要です。

> ## 💡 Tips　　個人情報保護法、プライバシーマーク制度
>
> - ・個人情報を保護する目的で、2005 年 4 月から個人情報保護法（正確には「個人情報の保護に関する法律」）が施行されました。個人情報とは、氏名、生年月日、住所、顔写真などにより、生存する個人を識別できる情報のことで、法律では個人情報を保有する事業者（個人情報取扱事業者）が守るべき次のような事柄が定められています。
>   - ・取り扱う個人情報は、その利用目的を特定し、その目的を超えて利用してはいけない。
>   - ・個人情報を取得する場合には、利用目的を通知・公表しなければならない。
>   - ・コンピュータで利用できるようになっている個人情報（個人データ）を安全に管理し、従業員や委託先も監督しなければならない。
>   - ・個人データを本人の同意を得ずに第三者に提供してはならない。
>   - ・保有する個人データに対して、本人からの要求があった場合、開示・訂正・削除などに対応しなければならない。
>   - ・個人情報の取扱いに関する苦情を、適切かつ迅速に処理しなければならない。
> - ・企業がもつ個人情報には、顧客情報や社員情報といったものがあり、これは情報資産になります。個人情報については、個人情報保護法により守られ、個人情報の管理方法については、JIS Q 15001 の「個人情報保護マネジメントシステム―要求事項」によって標準化されています。この個人情報保護法及び JIS Q 15001 に沿って、企業などの組織がもつ個人情報が適切に保護されて  いるかを、第三者機関が認証するために一般財団法人日本情報経済社会推進協会（JIPDEC）が創設した制度にプライバシーマーク制度があります。

8.1.2　人的、物理的脅威と脆弱性

・人的脅威には、人的なミス、怠慢や油断、内部の犯行などがある。
・物理的脅威には、天災、機器の故障、侵入者による機器の破壊などがある。

(1) 人的脅威と人的脆弱性

　情報資産に対する脅威の種類には、人によって直接起こされる人的脅威、災害や機械の故障といったことにより発生する物理的脅威、情報システムなどを介して起こる技術的脅威の三つがあります。そして、これら三つの脅威に対し、それぞれ人的脆弱性、物理的脆弱性、技術的脆弱性があります。

　人的脅威には、

① 　思い込みよる誤操作やうっかりによる操作ミスといった人的なミス（**ヒューマンエラー**）
② 　セキュリティに関するルールを守らないといった怠慢や油断
③ 　社内の人間が、悪意などにより故意に情報を盗むといった内部犯行

といった種類があります。

　そして、これらの脅威に対して、たとえば、人的脅威の①の場合、担当者の体調不良や疲労、過剰な仕事量、操作に関する理解不足、操作マニュアルなどの誤解を招く記述といったものが**人的脆弱性**となり得ます。

　②と③については、組織の人に対する管理体制の不備から起こることが多くあります。たとえば、②では、ルールを守らせるための教育が行われていなかったり、守らなかったときの処罰といったことが徹底されていないといった場合、発生する可能性が高くなります。③では、社内の人間であれば誰でも容易に情報資産を持ち出せたり、持ち出しても誰が持ち出したが記録に残らないといった場合、容易に内部犯行が可能になります。

　また、悪意をもった人間が、パスワードの入力操作を横から盗み見たり、管理者などになりすまして電話をかけ、本人からパスワードなどの情報を聞き出したりといった、人のちょっとした隙をねらって **ID**（identification、利用者識別）やパスワードなどの重要な情報を盗む**ソーシャルエンジニアリング**と呼ばれる社会的な手口もあります。このような人的脅威については、知らないことが人的脆弱性になるので、注意を喚起するような啓蒙が必要となります。

(2) 物理的脅威と物理的脆弱性

物理的脅威には、

①　火災や地震、落雷（特に停電）などの天災
②　機器の故障（天災以外）や紛失
③　侵入者による機器の破壊や盗難

といった種類があります。そして、これらの脅威に対しては、物理的脅威の①の場合、コンピュータや関連機器に対する耐震・耐火に対する不備や、落雷で発生する停電やサージ電流[112]に対する不備といったものが**物理的脆弱性**となり得ます。

②については、機器の故障への対策の不備が脆弱性となります。すなわち、機器の故障はいつかは起こり得ることなので、機器のメンテンスを定期的に行う、耐用年数がくる前に更新する、機器の冗長化[113]を図るといったことが必要であり、これらを実施していないことが脆弱性となります。また、機器やケーブルの設置場所が悪く、人がぶつかったり引っかけたりして破損する、ノート PC や USB メモリなどの携帯できる機器などを紛失するといった設置方法の不備や貸出管理の不備も脆弱性となります。

③については、情報機器が設置されているビルや部屋に対する管理の不備が脆弱性となります。すなわち、鍵のかけ忘れといった施錠管理の不備や、誰がその部屋に入ったか分からないといったような入退室管理の不備が、物理的脆弱性となります。

8.1.3　技術的脅威と脆弱性

・技術的脅威は、インターネットやコンピュータなどの技術的な手段による情報の不正入手や破壊、改ざんである。
・技術的脅威には、不正アクセス、盗聴、DoS 攻撃、コンピュータウイルスといった種類がある。
・セキュリティホールは、OS やアプリケーションソフトのバグや仕様上の欠陥など、セキュリティ上の弱点となるものである。

112　サージ電流とは瞬間的に発生した非常に高い電流のことで、落雷が原因で起こることが多いです。この電流により電子機器に故障が発生することがあるため、サージ電流対策のあるテーブルタップを利用します。
113　冗長化とは、故障に備えるために、機器などの予備を用意することです。

　技術的脅威とは、インターネットやコンピュータに対する技術的な手段を使って不正に情報資産を入手したり、破壊や改ざんを行ったりするといった脅威で、この多くの行為は**コンピュータ犯罪**に含まれます。技術的脅威となる代表的な種類には、

① 不正アクセス（なりすまし、クラッキング）
② 盗聴（フィッシング詐欺、スパイウェア）
③ DoS 攻撃（サービス妨害）
④ コンピュータウイルス

といったものがあり、これらは次の表 8.1 に示すような、悪意をもった者により起こされる手口により発生します。

表 8.1　技術的脅威となる代表的な手口

なりすまし
他人の ID やパスワードを盗用して、その人になりすまし、本人しか見ることのできない情報を盗んだり、悪意のある内容をその人が書いたようにして、SNS[114] に投稿したり、メールを出したりするといった行為のことです。
クラッキング[115]
インターネットを通じて ID やパスワードにより接続することのできる企業などのサーバに対して、ID とパスワードをランダムに発生させるなどして見つけ出し、その企業のサーバに進入し、データを盗んだり、プログラムを破壊したり、データを暗号化したりするといった悪意のある行為のことです。
フィッシング詐欺
Web を使った取引を行う店や金融機関などの Web ページそっくりのページをつくっておき、店や金融機関を装ったメールを送って、その偽装したページに誘導し、そのページに利用者が入力した ID やパスワード、クレジットカード番号、暗証番号を盗み出すといった詐欺行為のことです。「釣る」といった手口から、その意味を表す「fishing」を語源とする名前で呼ばれています。

114　SNS（Social Networking Service）とは、X（旧 Twitter）や Facebook、LINE などで、インターネットを使って情報交流を行うことのできる社会的なネットワークサービスのことです。

115　クラッキングのことを**ハッキング**という言葉で表現する場合もあります。本来、ハッキングはネットワークやプログラムを解析すると行った行為全般を指す言葉なので、悪意のある行為の場合には、それと区別するためにクラッキングを使う方が適切です。

マルウェア（malware）

　マルウェアとは、次の三つのプログラムのように、悪意をもってつくられたプログラムを指す言葉で、「悪の」という意味の mal とソフトウェアの ware を併せてマルウェアと呼びます。

- **コンピュータウイルス**：特定のプログラムにくっついて PC に被害をもたらす寄生プログラムのことで、特定のプログラムが実行されることで自分の複製を勝手につくり、それがネットワークなどを介して他の PC に広がります。
- **ワーム**：コンピュータウイルスとよく似ていますが、ワームは独立したプログラムで、自分自身で増殖する機能をもって他の PC に広がります。
- **スパイウェア**：Web ブラウザの拡張機能などと勘違いしてインストールしてしまうと、その PC 内の情報を特定の PC に送信しだすといったプログラムです。特に、その一つに、**キーロガー**と呼ばれるプログラムがあり、これを誤ってインストールしてしまうと、キーボードにより入力する情報がすべて盗まれてしまう可能があります。

ファイル交換ソフトウェア（ファイル共有ソフトウェア）

　同種のファイル交換ソフトウェアをインストールした PC 同士が、一時的にインターネット上で専用の通信経路を構築し、その経路を使ってファイルを共有し、必要なファイルのやり取りを行うことを可能にするソフトウェアのことで、Winny や Share といったソフトウェアが有名です。これ自身は、ピアツーピア接続を実現するソフトウェアであり、問題があるわけではありません。

　ただ、この種のソフトウェアを使うことで、不特定な PC とファイルを共有することができるため、暴露型ウイルスと呼ばれるコンピュータウイルスに感染する危険性が高く、これにより情報資産がインターネット上に流失するといった事故が多く発生しています。また、誤操作により、交換してはいけないファイルまで転送してしまうといった事故も発生します。

BOT（ボット）

　インターネット上を自立的に動き、人に代わって（たとえば Web 上の情報を自動的に収集するといった）作業をするプログラムを**ロボットプログラム**といい、その略称がBOT です。このプログラム技術を悪用してつくったコンピュータウイルスがあり、これに感染すると、悪意をもって感染させた者が、感染した PC に対して BOT を操って攻撃を加えることができるといったソフトウェアです。

DoS（Denial of Services）攻撃

　特定のサーバをねらって、そのサーバをダウン（停止）させたり、サーバが行っているサービスを正当な人が利用しづらくさせたりといった攻撃行為です。その方法としては、そのサーバがもつセキュリティの弱点（セキュリティホール）をねらった攻撃と、そのサーバに大量のサービス要求を送り（たとえば、Web サーバなら、多くの PC から一斉に、その Web ページの表示要求を送りつけ）、そのサーバが、それ以外の要求に応えられないほどの過剰な処理をさせるといった攻撃です。特に、サーバを攻撃する者が、他人の PC を乗っ取り [116]、多数の PC から攻撃をする方法を、**DDoS**（Distributed DoS）**攻撃**と呼びます。

116　他人の PC を乗っ取り悪用することを、踏み台にするといいます。

SQL インジェクション

　Web を使ってキーワード検索や商品検索をするページが数多くあります。これらは、Web ページ上のテキストボックスに入力した文字を使って、データベースに記録している情報を調べて表示するといったシステムで、Web アプリケーション[117] と呼ばれるシステムの一種です。このようなシステムの場合、データベースを操作することのできる SQL[118] の SELECT 文の検索条件に Web から入力した文字を挿入（injection）して、データベースを検索する仕組みになっています。

　このとき、テキストボックスに、検索するキーワードに続けて、本来想定していなかった、SQL の文法として正しい条件や文が入力されると、データベース管理システムはそれを解釈して、データベース中の表示すべきでない情報まで表示してしまうといったことが発生します。これを SQL インジェクションといいます。この対策としては、IDS（Intrusion Detection System、第 7 章 7.2.4 参照）などのシステムを使って、不正な文字の検出と防御を行います。

クロスサイトスクリプティング（Cross Site Scripting）

　クロスサイトスクリプティングとは、誰もが書き込め、書き込んだ内容を Web で表示する掲示板と呼ばれるソフトウェアなどの Web アプリケーションの脆弱性を利用して、図8.3のような仕組みで、悪意をもったプログラムを実行させる手口です。まず、悪意をもった者が、文字列以外の HTML やスクリプトを記述できるといった脆弱性をもった Web アプリケーションを使って、そこに罠を呼び出すリンクと悪意をもったプログラムを実行するスクリプト[119] を記述します。

① 罠を知らない PC が、罠に利用された脆弱性のある Web アプリケーションのページを表示します。

② 罠に利用された Web ページは、罠を仕掛けた Web サーバにリンクされており、これをクリックするとその Web サーバに飛ぶと同時に、その中に格納された悪意をもったプログラムを実行するように記述しています。

③ 罠を知らない PC が、②のリンクをクリックすることで、悪意をもったプログラムが呼び出され、その PC にコンピュータウイルスやスパイウェアなどが送り込まれるといった危害を受けてしまいます。

---

117 Web アプリケーションは、Web ブラウザの要求により Web サーバ上で処理を実行する CGI（Common Gateway Interface）という機能を使って、Web ブラウザから入力されたデータを Web サーバが受け取り、そのデータを処理して結果を Web ブラウザに HTML の形式で返すというシステムです。

118 SQL（エスキューエル）は、リレーショナルデータベース管理システム（RDBMS）に対して、データの定義や操作を行うためのデータベース専用の言語です。データベースから特定のデータを取り出す場合には SELECT という文を使います。

119 簡易なプログラム言語のことを一般にスクリプト言語と呼びます。クロスサイトスクリプティングでは、特に、Web ブラウザで実行できる JavaScript、マイクロソフトの VBScript などのスクリプトが利用されます。

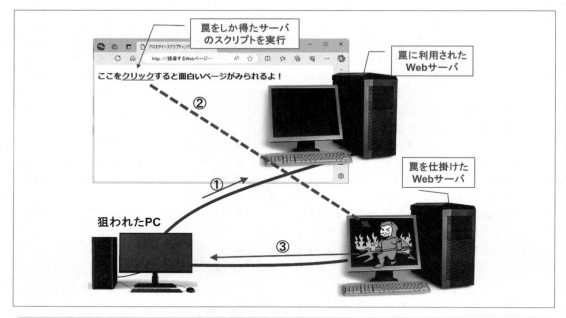

図8.3　クロスサイトスクリプティングのイメージ

💡 Tips　ピアツーピア（Peer to Peer）接続

- ファイル交換ソフトウェアは、インターネット上でピアツーピア（略称：P2P）接続という通信形態を利用しています。P2Pとは、クライアントサーバの形態と違い、接続したPC同士が対等の関係で、サービスの提供側と要求側の両方になり得る通信形態を実現します。仮想通貨（暗号資産）の取引で、この通信技術が利用されています。

　不正アクセスや盗聴、コンピュータウイルスなどの侵入経路となる**技術的脆弱性**に、**セキュリティホール**（Security Hole）があります。セキュリティホールとは、OSやアプリケーションソフトウェアのバグや仕様上の欠陥により発生する、セキュリティの弱点を指します。

　たとえば、コンピュータの実行時の動作状況を記憶しているバッファと呼ばれる記憶領域を、ある操作によって、そのバッファの内容を書き換えてしまうこと（バッファオーバーラン）ができるといったOSのバグや、サーバの侵入されやすいポート番号が開き放しになっているといった通信制御に関する管理不備などがセキュリティホールとなります。SQLインジェクションやクロスサイトスクリプティングも、不用意にSQL文やスクリプト言語を許してしまうというセキュリティホールを突いた手口といえます。

そのためには、OS やアプリケーションソフトウェアのセキュリティホールを修正するプログラム（**セキュリティパッチ**）を自動で適用する設定にしておくことが重要です。また、ウイルス対策ソフトウェアが利用されていなかったり、利用されていてもウイルスを検出する**パターンファイル**[120] の情報が最新の状態に設定されていなかったといった不備や、ファイルやフォルダに対する**アクセス制限**を行っていないといったファイル管理に対する不備といったことも脆弱性になります。ただ、セキュリティホールにセキュリティパッチを自動で適用する設定にしていても、セキュリティホールが発見されてから対応するセキュリティパッチが用意されるまでには、一定の間隔が空いてしまうので、その間を狙った攻撃があり、**ゼロデイ**（zero-day）**攻撃**といいます。

8.2 　情報セキュリティの考え方と対策

8.2.1 　ISMS

- セキュリティは、リスクとの対比となる事柄で、情報資産や情報システムに対するセキュリティの考え方を体系化したものに ISMS がある。
- ISMS は、情報資産を洗い出し、特定した情報資産に対して、機密性、完全性、利便性の観点から情報セキュリティの基本方針を決め、この方針を実現するために守るべき基本ルールを策定し、ルールを実践するという一連の内容を規定している。

　セキュリティ（security）は、リスクとの対比となる事柄で、セキュリティが高ければリスクは低くなり、リスクが高くなればセキュリティは低くなります。したがって、情報資産や情報システムに対するセキュリティを考えるということは、それらに対するリスクを管理し、それが起こりにくくすることといえます。この考え方を実践的に体系化したものに**情報セキュリティマネジメントシステム**（ISMS：Information Security Management System）があります。

　ISMS は、**国際標準化機構**（ISO：International Organization for Standardization）によって **ISO/IEC 27000 ファミリー**として国際的な標準ができており、日本ではそれぞれに対応して JIS X 27000 として規格化されています。

120 　ウイルス対策ソフトウェアでは、一般的には、ウイルスを検出するパターンファイルの更新を自動更新の設置にしておくのがよいとされています。

　この ISMS の基本的な考え方は、情報資産について、次の三つの特性をバランスを取りながら維持する活動といわれています。

・**機密性**：利用できるものを限定し、それ以外のものはその情報を利用できないようにする。
・**完全性**：情報は正確なものであり、かつ、その正確さが利用によって損なわれないようにする。
・**可用性**：がんじがらめに管理することで利用できなくなってしまっては情報資産の意味がないので、使いやすさにも配慮した管理を行う。

　この ISMS に従った活動を行う企業に対して、その活動が適正であるかを評価する第三者機関として一般社団法人情報マネジメントシステム認定センター（ISMS-AC）があり、この機関は ISMS を「個別の問題毎の技術対策の他に、組織のマネジメントとして、自らのリスクアセスメントにより必要なセキュリティレベルを決め、プランを持ち、資源を配分して、システムを運用すること」であると定義しています。

　すなわち、ISMS ではまず、その企業がもつ情報資産を洗い出し、特定した情報資産に対して、機密性、完全性、利便性の観点から情報セキュリティの基本方針（**情報セキュリティ基本方針**）を決め、この方針を実現するために守るべき基本ルール（**情報セキュリティ対策基準**）を策定します。この二つの指針を**情報セキュリティポリシ**といいます。

　次に、特定した情報資産に対する脅威と脆弱性を洗い出して分析及び評価し、対処すべきリスクに対して具体的な対策（**情報セキュリティ対策手順**）を決めます。そして、この対策を実施するための目標と計画（Plan）を立て、その計画に沿って対策を導入及び運用（Do）し、その運用の監視及び運用結果を評価（Check）し、評価に基づき改善計画を策定して実施（Act）するという、図 8.4 に示すような **PDCA サイクル** [121] の活動を繰り返します。

121　PDCA（Plan-Do-Check-Act）サイクルは、マネジメントシステムの基本的な活動であり、次のような四つの活動を繰り返し行います。
　・Plan（計画）では、実績や予測を基に活動計画をつくります。
　・Do（実施）では、計画に沿って運用します。
　・Check（点検・評価）では、運用が計画に沿っていたか、予期せぬ不具合がなかったかなどを点検及び評価します。
　・Act（処置・改善）では、点検及び評価により分かった問題点に対する改善を行います。

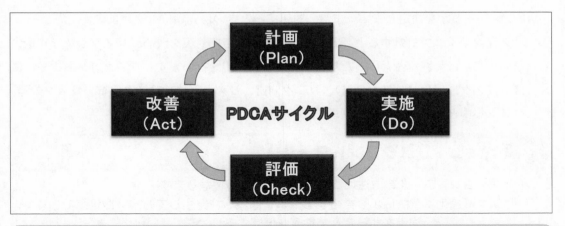

図 8.4　PDCA サイクル性の関係

Tips　ISO/IEC 27000 ファミリー

・ISMS については、ISO により ISO/IEC 27000 ファミリーとして標準化され、
　次のような規格が改訂を続けながら発行されています。
　ISO/IEC 27000：ISMS 概要及び用語
　ISO/IEC 27001：ISMS 要求事項
　ISO/IEC 27002：情報セキュリティ管理策
　ISO/IEC 27003：ISMS の手引
　ISO/IEC 27004：ISM － 監視、測定、分析及び評価
　ISO/IEC 27005：情報セキュリティリスクマネジメントに関する指針
　ISO/IEC 27006：ISMS 認証機関に対する要求事項
　ISO/IEC 27007：ISMS 監査の指針　　　　　　　　　　　　　　　など

　この ISMS の活動の中で、リスクを洗い出して対策を決めるという一連の活動のことを、一般的には、**リスクマネジメント**といいます。リスクマネジメントには、次の三つの局面があります。

① リスク分析：特定した情報資産に対して、どのような種類のリスクが存在するかを調べ、リスクの特定と識別を行います。また、それらのリスクの影響や発生する頻度についても特定します。

② リスクアセスメント（assessment）：情報資産と①で特定したリスクに対して、情報資産価値の評価、脅威の評価、脆弱性の評価を行い、個々のリスクに対して対処するか

容認 [122] するかを決定します。また、対処するときの優先順位も決めます。

③ リスク対策：②で対処すると判断したリスクに対して対策を決め、リスクが及ぼす損失を防止または軽減するといった**リスクコントロール**を行います。リスクコントロールには、リスク最適化（リスク低減）、リスク回避、リスク転移、リスク保有、リスク分離、リスク集中といった方法があります。

💡Tips　リスクコントロール

・リスクコントロールの方法については、次のようになります。

リスク最適化：予防により発生する確率を低減し、発生してもすぐに処置できる準備をすることで被害を低減する。

リスク回避　：リスクが発生する原因を排除することで発生をなくす。たとえば、情報資産を電子メールで送受信することを禁止する。

リスク転移　：サーバの管理を外部の専門業者に任せたり（アウトソーシング）、損失が発生したときに補てんできるように保険をかけたり（リスクファイナンス）する。

リスク保有　：リスクを残留リスクとして容認する。

リスク分離　：サーバを冗長化するなど、リスクの原因となるものを分離したり、分散したりする。

リスク集中　：リスクの原因を一箇所などに集め、厳重な管理体制下に置く。

8.2.2　人的、物理的セキュリティ対策

・人的セキュリティ対策は、人の無知・無関心やヒューマンエラーなどによって発生するリスクを予防及び軽減するための対策である。物理的セキュリティ対策は、盗難や破損といったリスクを予防及び軽減するための対策である。

・アクセス制御は、認証、認可、監査の三つの活動によって行われる。

(1) 人的セキュリティ対策

　情報資産に対しては、人的、物理的、技術的脅威及び脆弱性がありました。これら三つのリスクを予防及び軽減するために、それぞれに対するセキュリティ対策が必要となります。人の無知・無関心やヒューマンエラーなどによって発生するリスクを予防及び軽減するための対策が人的セキュリティ対策であり、盗難や破損といったリスクを予防及び軽減

122　リスクを容認するとは、そのリスクが発生しても損失が少ないので対処しないという判断であり、このようなリスクは残留リスクと呼ばれます。

するための対策が物理的セキュリティ対策です。

　人の無知・無関心やヒューマンエラーなどに対処するための代表的な対策としては、情報セキュリティポリシを策定し、これに基づいて図 8.5 に示すような、情報資産の取扱いに対する具体的な社内規程（情報セキュリティ対策手順書）を設けます。そして、この社内規程を遵守する活動（**コンプライアンス**）が行われるように、従業員に対する教育を行います。

〔**情報セキュリティ手順書**〕

１．PC の設定に関する規程

(1) PC には、指定のウイルス対策ソフトウェアをインストールし、アップデートについては、自動で行える設定とする。

(2) Web ブラウザのセキュリティの設定は初期値のままにせず、Java アプレットなどの Web ブラウザで動作するソフトウェアの制限などを、システム管理者の指定するレベルに設定する。

(3) OS については、セキュリティホールなどが発見された場合の対策として、自動でアップデートできる設定とする。

(4) 担当部門で支給されたアプリケーションソフトウェア以外のソフトウェアをインストールするときには、担当部門長の許可を得る。

(5) …

図 8.5　情報セキュリティ手順書の例（一部）

(2) 物理的セキュリティ対策

　盗難や破損などに対処するための対策に**アクセス制御**があります。情報資源を扱っている装置や媒体を施錠できる部屋に隔離し、その場所には許されたものしか入れないようにする入退室管理が代表的なアクセス制御です。入退室管理では、鍵、IC カードと IC カードリーダ、生体認証（バイオメトリクス認証、図 8.6 は顔認証による装置）装置などを使って行われます。アクセス制御は、**認証**（authentication）、**認可**（authorization）、**監査**（audit）といった三つの活動によって行われます。図 8.6 に示すような装置には、本人の認証と入退の許可といった機能の他に、いつ誰が入ってきたかといった記録（ログ）を取る機能があり、そのログを確認することで入退状況を監査することもできます。さらに、厳重な管理を行う場合、部屋の状況を監督、監査するために、監視カメラを設置する場合もあります。

図 8.6 顔認証の装置

　ノート PC や外付けのハードディスクといった持ち出し可能な装置を盗難から守る方法としては、各装置を机などに固定するセキュリティワイヤが使われます。落雷による災害から守る方法としては、過電流を遮断するサージ電流対策のあるテーブルタップや、停電に備えるためには UPS [123] が利用されます。

　地震に対しては、建物の耐震構造、装置の転倒や投下防止、火災に対しては、建物の耐火構造、火災報知器や防火設備の設置などの対策が行われます。破損や故障に対する対策としては、装置の冗長化やデータのバックアップといった対策が行われます。

8.2.3　技術的セキュリティ対策

・技術的セキュリティ対策には、情報資産へのアクセス権の制限や ID とパスワードによる本人認証、不正ソフトウェア対策、セキュリティホール対策、コンピュータウイルス対策などがある。

（1）アクセス権の制限

　技術的な対策の代表的なものとしては、情報資産へのアクセス権の制限（アクセス制御の一つ）や ID とパスワードによる本人認証（アカウント管理）、不正ソフトウェア対策、セキュリティホール対策、コンピュータウイルス対策、そして、ネットワークのセキュリティ対策があります（ネットワークのセキュリティ対策は、第9章で取り上げます）。

123　UPS（Uninterruptible Power System、無停電電源装置）：停電や瞬間的な電圧低下時に、蓄電池を使って、電力を供給し続ける装置です。

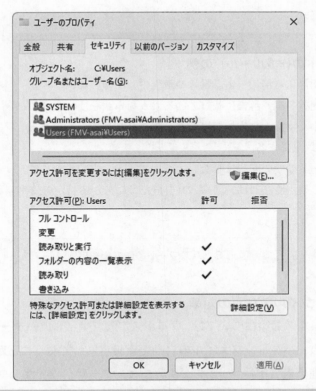

図 8.7 アクセス権の設定画面例

　情報資産へのアクセス権の制限では、情報資産の入ったファイルやディレクトリ（フォルダ）、媒体に対して、アクセスできる人や操作を制限します。図 8.7 は Window のアクセス権の設定画面の例です。この機能により、アクセスできる人やグループ（会社では部署など）の範囲、また、ファイルの読み取り、書き込みといった許可する操作の範囲を制限することができます。企業では、文書（ファイル）の機密レベルに対して、そのアクセス権を設定するルールを決めて管理しています。

(2) ID とパスワードの管理

　情報システムでは、利用者の本人認証 [124] を行う仕組みとして、ID（identifier）とパスワードを組み合わせて行うことが一般的です。ID には、社員番号や学籍番号などの本人を識別できる固有の番号が利用されます。パスワードには、本人しか知らない番号（英数字記号などを組み合わせた文字列）を使います。パスワードの決め方としては、図 8.8 のようなルー

124　ID とパスワードだけでは、その情報が盗まれてしまうと危険なため、認証の要素を追加して安全性を高める方法が考えられています。たとえば、指紋などの生体認証を組み合わせたり、登録してあるスマートフォンに確認のためのコードを送り入力させたりといった方法があります。このように、要素を複数組み合わせて認証する方法を**多要素認証**といいます。

ルで行われます。

〔パスワードの作成ルール〕の例

(1) 本人に関係する情報（電話番号や誕生日）を使わない。

(2) 人名や固有名詞、辞書に載っているような単語を使わない。

(3) 数字や小文字、大文字、記号などを組み合わせてつくる。

(4) 10 文字以上にする。

(5) パスワードの使い回しはしない。

(6) 思い出しやすく、忘れにくいもの（自分だけに分かる特定の文字列などの利用）にする。

図 8.8 パスワードの作成ルール例

(3) コンピュータウイルスなどの対策

コンピュータウイルス対策については、ウイルス定義ファイル（**パターンファイル**[125]）を最新にしておくため、パターンファイルの自動更新設定にしておくことが重要です。独立行政法人情報処理推進機構（IPA）のセキュリティセンターが、ウイルス対策を含めて日常における情報セキュリティ対策として次のような 8 箇条[126]を推進しています。

1. 修正プログラムの適用：OS や各種ソフトウェアに修正プログラム（セキュリティパッチ）を適用し、最新のバージョンに更新する。

2. セキュリティソフトの導入および定義ファイルの最新化：ウイルス対策ソフトの定義ファイル（パターンファイル）を常に最新な状態になるように設定する。

3. パスワードの適切な設定と管理：大小英字、数字及び記号を混在させて最低でも 10 文字にし、同じパスワードを使い回さない。

4. 不審なメールに注意：少しでも不審をいだいたメールの添付ファイルを開いたり、URL は不用意にクリックしない。

5. USB メモリ等の取り扱いの注意：ウイルス感染の可能性があるため、所有者が不明もしくは自身が管理していない USB メモリ等の外部記憶媒体を PC に接続しない。

---

125 パターンファイル（Pattern File）：コンピュータウイルスやワームの個々のプログラムを検出するための特徴を収録したファイルで、ウイルス定義ファイルといいます。

126 独立行政法人情報処理推進機構の情報セキュリティ対策の 8 箇条（https://www.ipa.go.jp/security/anshin/measures/everyday.html）を参照し、著者が要約

6.　社内ネットワークへの機器接続ルールの遵守：個人所有の持ち込み PC や外部記憶媒体
　　などを不用意に社内ネットワークに接続しない。

7.　ソフトウェアをインストールする際の注意：不用意にソフトウェア（フリーソフトなど）
　　をインターネットからダウンロードしたり、自身の PC にインストールしたりしない。

8.　パソコン等の画面ロック機能の設定：第三者に見られたり、操作されたりしないよう
　　PC やスマートフォンなどには画面ロックを設定する。

　上記の 8 箇条にあるように、ウイルスなどのマルウェアに感染しないためには、アプリケーションソフトのセキュリティホールに対処した**セキュリティパッチソフト**をインストールすることが重要です。また、ファイル交換ソフトなどの仕事に必要のないソフトウェア（不正ソフトウェア）のインストールを禁止し、定期的に点検することが必要です。

この章のまとめ

1　知的財産、社外秘の情報、個人情報などの守るべき情報を情報資産という。リスクは、情報資産に対する破壊、改ざん、紛失といった危険性であり、脅威は、リスクとなる原因であり、脆弱性は、脅威を引き起こす原因である。

2　人的脅威には、ヒューマンエラー、怠慢や油断、内部の犯行などがある。物理的脅威には、天災、機器の故障、侵入者による機器の破壊などがある。技術的脅威は、インターネットやコンピュータなどの技術的な手段による情報の不正入手や破壊、改ざんである。

3　技術的脅威には、不正アクセス（なりすまし、クラッキング）、盗聴（フィッシング詐欺、スパイウェア）、DoS 攻撃（サービス妨害）、コンピュータウイルスといった種類がある。

4　セキュリティホールは、OS やアプリケーションソフトのバグや仕様上の欠陥など、セキュリティ上の弱点となるものである。

5　情報資産や情報システムに対するセキュリティの考え方を体系化したものが ISMS である。ISMS は、情報資産を洗い出し、特定した情報資産に対して、機密性、完全性、利便性の観点から情報セキュリティ基本方針を決め、この基本方針を実現するための情報セキュリティ対策基準を策定し、このルールを実践するという一連の内容を規定したものである。

6　人的セキュリティ対策は人の無知・無関心やヒューマンエラーなどによって発生するリスクを、物理的セキュリティ対策は盗難や破損といったリスクを、予防及び軽減するための対策である。技術的セキュリティ対策には、アクセス権の制限や ID とパスワードによるアカウント管理、不正ソフトウェア対策、セキュリティホール対策、コンピュータウイルス対策などがある。

7　アクセス制御は、認証、認可、監査の三つの活動によって行われる。

練 習 問 題

問題1　情報資産、リスク、脅威、脆弱性のそれぞれの意味を、それらの関係
　　　　が分かるように簡潔に説明しなさい。

問題2　技術的脅威である、なりすまし、クラッキング、フィッシング詐欺、
　　　　マルウェア、DoS 攻撃、ファイル交換ソフト、SQL インジェクション、
　　　　クロスサイトスクリプティングについて、それぞれ簡潔に説明しなさ
　　　　い。

問題3　情報セキュリティマネジメント(ISMS)について簡潔に説明しなさい。

問題4　人的脅威、物理的脅威、技術的脅威について、それぞれ簡潔に説明し
　　　　なさい。また、技術的セキュリティ対策として行われる具体的な対策
　　　　を五つ述べなさい。

第 **9** 章

セキュリティ技術について

学生　インターネットやコンピュータは便利で、なくてはならな
　　　いものになっていますが、その危険性も色々あるんですね。

教師　そうですね。特に、企業では情報資産を守るといった観点
　　　でネットワークを考える必要があることを、前回の学習で
分かってもらえたと思います。

教師　今回は脅威の中で、特に、技術的脅威とその対策に着目して学んでいき
　　　たいと思います。

学生　大切な話ですね。絶対に知っておかなければいけませんね！

教師　そっ、そうですね・・・（余りにも、素直な反応で、ちょっと怖いが、
　　　今までの学習の成果が出てきたのかな？）

教師　それでは、その心構えで学習を始めましょう。

この章で学ぶこと

1　ファイアウォールと、その二つの種類であるパケットフィルタリング型とア
　　プリケーションゲートウェイ型について概説する。

2　DMZ の目的とその構成について概説する。

3　無線 LAN の有効性と問題点が列挙でき、問題点に対する対策については、
　　その種類ごとに概説する。

9.1　ファイアウォールと DMZ

9.1.1　ファイアウォール

- ・ファイアウォールは、社内ネットワークが外部からの不正アクセスや攻撃といったネットワークの脅威を軽減する仕組みである。
- ・パケットフィルタリング型のファイアウォールは、IP、TCP、UDP のパケットに対して、フィルタリングを行う。アプリケーションゲートウェイ型のファイアウォールは、アプリケーション層の HTTP や FTP に対して、その通信内容を解釈して検査を行う。

(1) ファイアウォールとは

　電子メールや Web を利用するためには、企業や学校などのローカルネットワークをインターネットとつなぐ必要があります。しかし、インターネットとつなぐということは、社内ネットワークが外部からの不正アクセスや攻撃といったネットワークの脅威にさらされることになります。この外部ネットワークからの脅威を軽減する仕組みに、図 9.1 に示す**ファイアウォール**（Fire Wall）があります。

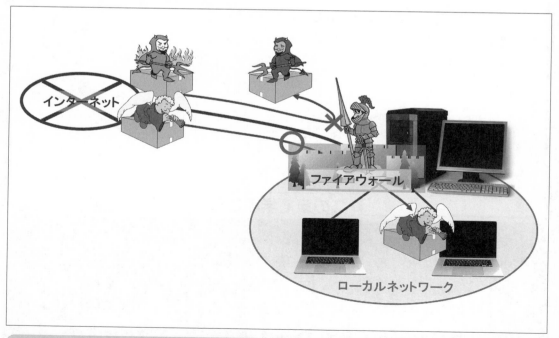

図 9.1　ネットワークの脅威とファイアウォール

　ファイアウォールは、図9.1に示すように、インターネットなどの外部ネットワークと
ローカルネットワークをつなぐ通信の入り口で、外部とやり取りするパケットを監視し、許
可されたパケットだけを通すという仕組みです。ファイアウォールは、一般的に、図9.2に
示すようにインターネットをつなぐルータ[127]とローカルネットワークの間に設置されます。
これにより、インターネットとローカルネットワークとの間で通信されるパケットがすべて
ファイアウォールを通過する仕組みとなります。

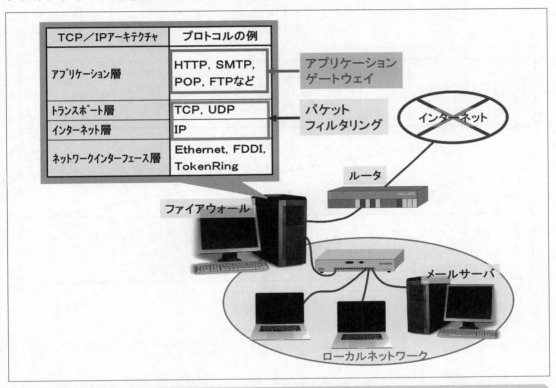

図 9.2　ファイアウォールの設置例とその種類

　そして、ファイアウォールは、通過するパケットの情報をチェックし、パケットを通すか
どうかを判断します。そのチェックの仕方の違いによってファイアウォールは幾つかに分類
されます。代表的なものとしては、図9.2に示すようにパケットフィルタリング型とアプリ
ケーションゲートウェイ型と呼ばれるものがあります。

(2) パケットフィルタリング型

　パケットフィルタリング型のファイアウォールは、図9.2に示すように、インターネット

127　ルータには、パケットフィルタリングなどの機能を有している製品があり、ルータをファイアウォー
　　ルとしても利用し、一つで構成されることもあります。

層（OSI 参照モデルのレイヤ 3）のプロトコルである IP とトランスポート層（OSI 参照モデルのレイヤ 4）のプロトコルである TCP や UDP のパケットに対して、フィルタリング[128]を行うものです。

　具体的には、図 9.3 に示すように、ファイアウォールを通過するパケットの送信元とあて先の IP アドレス及びポート番号をチェックし、許可されている IP アドレスとポート番号のパケットだけを通過させます。

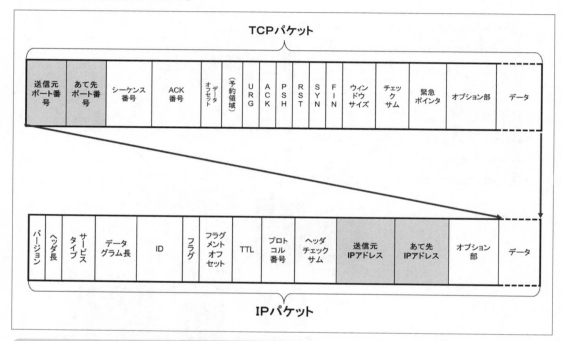

図9.3　IP パケットと TCP パケット

　たとえば、インターネットの利用方針[129]として、Web と電子メールだけしか利用しないといった場合、パケットフィルタリング型のファイアウォールに対しては、表 9.1 のような設定を行います。

128　フィルタリング（filtering）とは、濾過の意味で、この分野では、一定の条件に基づいてデータを選別する仕組みのことを指します。

129　パケットフィルタリングを設定する場合、その会社のセキュリティポリシに従います。セキュリティポリシとは、その会社の情報セキュリティに関する取組の基本方針のことです。したがって、インターネットの利用範囲なども、このポリシによって決められているので、どのポート番号を許可するかといったフィルタリングの設定も、この方針に従ったものとなります。

表9.1　パケットフィルタリング型のファイアウォールの設定例 [130]

送信先 IP アドレス	あて先 IP アドレス	あて先ポート番号	許可／拒否
メールサーバの IP アドレス	任意	25（SMTP）	許可
任意	メールサーバの IP アドレス	25（SMTP）	許可
任意	任意	443（HTTPS）	許可
任意	任意	任意	拒否

この場合、内部のメールサーバから外部へポート番号 25 を使った送信と、外部から内部のメールサーバに送られるポート番号 25 を使った受信が許可されることで、電子メールの送受信ができます。また、ポート番号 443 を使った内部の任意の PC と外部の任意の Web サーバと HTTPS の通信による送受信が許可されることで、Web を見ることができます。そして、それ以外の通信は、拒否されます。なお、ファイアウォールの設定は、上のルールから順に適応されます。

(3) アプリケーションゲートウェイ型

アプリケーションゲートウェイ型 [131] のファイアウォールは図 9.2 に示すように、HTTPや FTP プロトコルに対して、その通信内容を解釈して検査を行うもので、アプリケーション層で動作するファイアウォールです。このファイアウォールでは、プロキシサーバと呼ばれるサーバが利用されます。プロキシ（Proxy）とは「代理」という意味で、**プロキシサーバ**は、ローカルネットワーク内の PC がインターネット上の Web サーバと通信をするときに、PC に代わって通信を行うサーバです。

図 9.4 に示すように、たとえば、ローカルネットワーク内の PC がインターネット上の Web サーバと通信をするとき、いったん、PC はプロキシサーバの IP アドレス（192.168.100.2）に対して通信を行います。通信を受けたプロキシサーバは、あて先 IP アドレスを目的の Web サーバの IP アドレスに変更し、送信元の IP アドレスを自分の IP アドレス（203.0.113.148）に置き換えて通信します。この仕組み [132] によって、ローカルネットワーク内の PC とインターネットの通信は、必ずプロキシサーバを経由することになります。

130　表 9.1 の例は、スタティック（静的）なパケットフィルタリングの場合です。これに対して、ダイナミック（動的）なパケットフィルタリングがあり、この場合は、内部のネットワークから外部のネットワークに出て行ったパケットに対する応答のパケットだけを内部に通すといったような設定を行います。

131　アプリケーションゲートウェイ型ファイアウォールは、プロキシ型ファイアウォールと呼ばれることもあります。また、OSI 参照モデルの第 7 層で動作するので、レイヤ 7 ファイアウォールと呼ばれることもあります。

132　プロキシサーバの IP アドレスを変換する仕組みは、NAT の機能などが使われます。

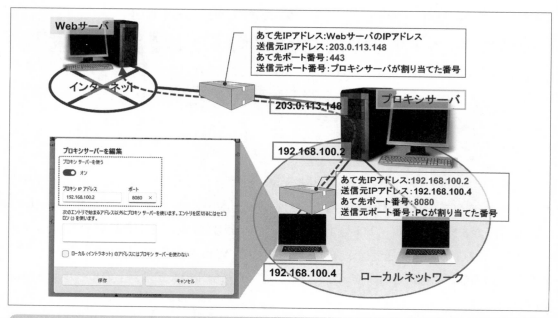

あて先IPアドレス:WebサーバのIPアドレス
送信元IPアドレス:203.0.113.148
あて先ポート番号:443
送信元ポート番号:プロキシサーバが割り当てた番号

あて先IPアドレス:192.168.100.2
送信元IPアドレス:192.168.100.4
あて先ポート番号:8080
送信元ポート番号:PCが割り当てた番号

図9.4 プロキシサーバと IP アドレス、ポート番号

　ところで、プロキシサーバを利用する場合、PC側のネットワークの設定として、図9.4に示すように、プロキシサーバを利用する設定を行う必要があります。図はWindowsの例で、プロキシサーバの利用をチェック（オン）して、プロキシサーバのIPアドレスと通信するときのポート番号（図に示すポート番号8080を使うことが一般的です）を設定します。これによって、ローカルネットワークのPCから発信されるパケットは、プロキシサーバに自動的に送られるようになります。

　アプリケーションゲートウェイ型のファイアウォールは、ローカルネットワーク内のPCがプロキシサーバを経由してWebサーバにアクセスするためのHTTPプロキシプログラムや、FTPサーバにアクセスするためのFTPプロキシプログラムといったアプリケーションごとの検査プログラムを用意しています。そして、これらのプログラムによって、PCが外部のWebサーバと通信するときには、HTTPプロキシプログラムが自動的に動作し、URLやWebの内容を検査して、その情報を通すか通さないかを判断します。このように、アプリケーションゲートウェイ型のファイアウォールの場合は、情報の中身までもチェックできるので、高い安全性を実現することができます。その反面、通信する情報の内容までも確認するので、その検査処理が負担となり、通信が遅くなるといったことがあります。また、アプリケーション層のサービスごとに、それらに適したプロキシプログラムを用意する必要があり、すべてのサービスに対して最新の状態で対応できないといった状況も発生します。

9.1.2　DMZ

・DMZ は、インターネットとローカルネットワークとの間の境界領域のことで、ここには一般に Web サーバやメールサーバが置かれる。

　企業が Web サーバを使って Web ページを公開しているような場合、Web サーバをローカルネットワーク内に配置すると、インターネットからの通信を常に受け入れるために、ファイアウォールの設定としてポート番号 80 や 443（Web サーバの通り道）を常時開けておく必要があります。この場合、もし Web サーバが外部から進入されて操作されるといったことが起こると、ローカルネットワーク内のすべての PC にも危険が及びます。

　だからといって、今度は Web サーバをファイアウォールの外に置くと、Web サーバは、インターネットからのすべての脅威にさらされることになってしまいます。したがって、現在では、インターネットと直接通信をする必要のある Web サーバ、メールサーバや DNS サーバを、図 9.5 のような構成 [133] で配置することが一般的になっています。

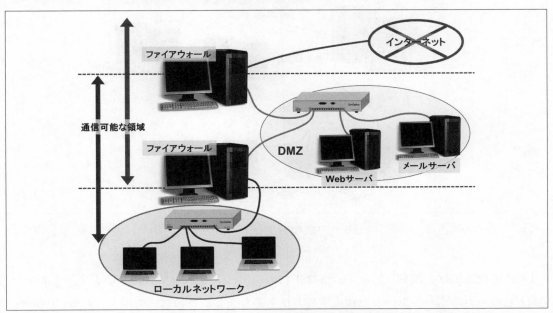

図 9.5　ファイアウォールと DMZ の構成

　図の Web サーバやメールサーバが置かれている領域、すなわち、インターネットとロー

133　図 9.5 のような二つのファイアウォールによる構成の場合、インターネット側をフロントファイアウォール、ローカルネット側をバックファイアウォールということがあります。

カルネットワークとの間の領域のことを **DMZ** [134]（Demilitarized Zone）とか**境界ネットワーク**といいます。図 9.5 に示すように、インターネットと DMZ 間は、ファイアウォールによって Web サーバやメールサーバの通信に必要なポートだけを通すようにします。ただし、外部からの通信は DMZ までで、その中のローカルネットワーク内には入れないようにします。そして、逆に、ローカルネットワークからの通信は DMZ までの範囲で、その外には出られないようにします。

　この仕組みにより、中からの通信と外からの通信が、直接的につながることはなく、ローカルネットワーク内を安全に保つことができます。このとき、ローカルネットワークの PC が外との通信、たとえば、Web ページを閲覧するような場合は、プロキシサーバを使うことで解決します。

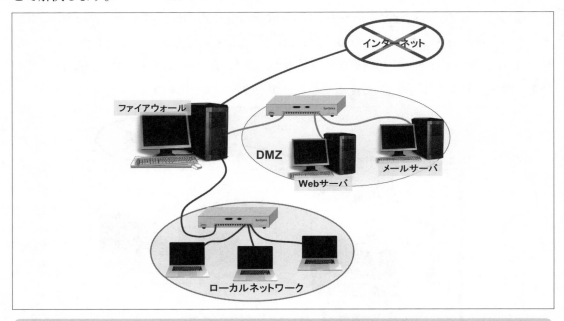

図 9.6　三脚ファイアウォールと DMZ

　DMZ の構成には、図 9.6 に示すような 1 台のファイアウォールによってインターネット、DMZ とローカルネットワークを構成する方法もあります。この構成の場合、ファイアウォールが三つ叉の接続になっているため、**三脚ファイアウォール**と呼ぶことがあります。

134　DMZ（Demilitarized Zone）とは、本来、軍事的な境界線である非武装地帯という意味で、侵入を防ぐ緩衝帯という状況が似ているので、ネットワーク分野でもこの言葉を利用しています。

9.2　無線 LAN のセキュリティ

9.2.1　無線 LAN の問題点

・無線 LAN の接続のしやすさによって、勝手にネットワークに接続できたり、
複数のアクセスポイントに接続できたりするといった問題が起きる。

　ノート PC と無線 LAN [135] を使うことで、PC を移動させてもネットワークを利用すること
ができるといったメリットがあります。したがって、企業でのネットワークを構成する場合、
フロア内での席の移動を自由に行えるようにする目的で、ノート PC と無線 LAN を使った
構成にする場合があります。ただ、その反面、図 9.7 に示すように、

① 　通信できる範囲（通信エリア）に図の PC-X のように、外部の人が PC を持ち込むことで、
勝手にネットワークに接続できる
② 　通信エリアが重なる場所では、図の PC-C のようにどちらのアクセスポイントにも接続
できる

といったことが起こる可能性があります。

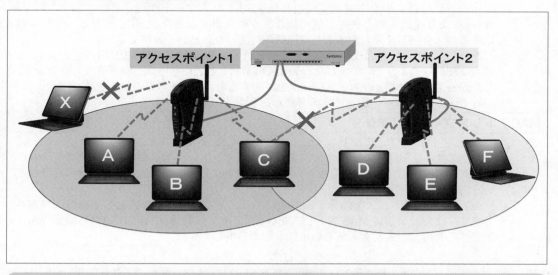

図 9.7　ノート PC と無線 LAN の構成

135　無線 LAN については、第 2 章の「2.1.5　無線 LAN」を参照してください。

①の場合は、外部の人が社内のネットワーク内に侵入できてしまうといった、非常に危険な問題が発生します。②の場合も、たとえば、アクセスポイントごとに部署を分けるというネットワーク構成の場合、他部署のネットワークに侵入できてしまうといった問題が発生します。さらに、一部のアクセスポイントに PC の接続が偏ることで、通信速度が低下するといった問題も発生します。

9.2.2　無線 LAN のセキュリティ機能

・無線 LAN の問題に対処するために、接続できる PC を制限するための SSID や MAC アドレスフィルタリング、通信データを暗号化する WEP や WPA といった方式がある。

前節で示した無線 LAN の①や②の問題に対処するために、表 9.2 に示す SSID、MAC アドレスフィルタリング、WEP や WPA といった方法があります。

表 9.2　無線 LAN のセキュリティなどの対策

SSID（Service Set ID）
SSID[136] は、アクセスポイントに接続する PC を限定するための方法です。アクセスポイントには特定の文字列で表現された SSID とパスワードが設定されており、PC が Wi-Fi により接続するとき、通信可能なアクセスポイントを SSID で選択し、それに対応するパスワードを入力することで通信が可能になるという方法です。 　　ただし、ANY[137] という特例の設定が許されているため、PC の SSID の設定を ANY または空欄にすることで、すべてのアクセスポイントと通信することができてしまいます。したがって、部署ごとのネットワークを区別する場合や、部外者の侵入を防ぐ場合には、ANY 接続を許可しない設定にする必要があります。
MAC アドレスフィルタリング
MAC アドレスフィルタリングは、各 PC がもつ MAC アドレスの情報を使って、接続できる PC を限定する方法です。アクセスポイントに、事前に接続を許可する PC の MAC アドレスを登録し、登録された MAC アドレス以外の PC との通信を許可しないという方法です。 　　ただ、MAC アドレスを偽称する方法があり、セキュリティ対策としての脆弱性が残ります。また、事前に MAC アドレスを登録するといった方法なので、PC の設置場所を変更する都度、設定を変えるといった手間が発生します。

136　アクセスポイントごとの識別子として利用される SSID に対して、複数のアクセスポイントで同じ識別子が使えるように、識別子を任意に設定できるように拡張した ESSID（Extended Service Set Identifier）があります。現在では ESSID が一般的で、これも含めて SSID と呼ぶことが多いようです。

137　ANY は、誰もといった意味の設定で、空港、駅やファストフード店などで利用する公衆無線 LAN のアクセスサービスを利用する場合に必要となる設定です。

WEP（Wired Equivalent Privacy）
WEP は、無線 LAN の通信内容を盗み見されないようにするためのデータの暗号化の方式です。通信を行うアクセスポイントと PC が、データの暗号化と復号を行うための共通の鍵をもち、暗号化を行う方法（**共通鍵暗号方式**という）です。 　アクセスポイントと PC の両方で、WEP キーと呼ばれるある特定の文字列で表現された同じ鍵を使います。WEP キーに使う文字数には 5 文字、13 文字（16 文字）があり、これを使って 64 ビットまたは 128 ビットの WEP キーをつくります。ビット数の大き方が解読される可能性が低くなります。ただ、WEP キーは、それを解読する方法が見つかっており、安全な暗号方式ではなく、現在では利用を推奨されていません。
WPA（Wi-Fi Protected Access）
WPA は、WEP の問題点を改善した無線 LAN の暗号化の方式です。この方式では、WEP で利用されている RC4 [138] と呼ばれる方式の暗号鍵に改良を加えた TKIP（Temporal Key Integrity Protocol）と呼ばれる方式が利用されています。また、RC4 では、共通鍵により生成した最初の鍵を通信中常に使うのに対して、TKIP では、一定時間ごとに鍵を生成して、利用する鍵を替えて行くことで解読されづらくするといった工夫がなされています。この WPA は、無線 LAN のセキュリティの規格である IEEE 802.11i に採用されています。 　現在では、WPA の後継の企画である WPA2 が主に使われています。WPA2 の中で、特に、小規模なネットワークを構成するときには WPA2-PSK [139] という方式がよく利用されます。WPA2-PSK の中で、暗号化の方式を TKIP ではなく、CCMP（Counter mode with CBC-MAC Protocol）と呼ばれる方式で行うものを WPA2 － AES と呼ぶことがあります。

138　WEP で使われる共通鍵暗号方式は RC4 と呼ばれる方法を使っています。RC4（Rivest's Cipher 4）は、RSA Security 社の Ronald Rivest によって 1987 年に開発された方法です。基本的な考え方は、共通鍵より疑似乱数を発生し、その値を鍵として平文と排他論理和演算して暗号化し、逆に、暗号文と先の疑似乱数により生成させた鍵と排他論理和演算することで平文に復号する方法です。処理を高速に行えるというメリットがあります。

139　PSK（Pre-Shared Key）とは、事前共通鍵と呼ばれる方式で、暗号化を始める際に、事前に別の手段を使って共有鍵暗号を決めておくという方法です。

この章のまとめ

1　ファイアウォールは、社内ネットワークが外部からの不正アクセスや攻撃といったネットワークの脅威を軽減する仕組みである。

2　パケットフィルタリング型のファイアウォールは、IP や TCP、UDP のパケットに対して、フィルタリングを行う。アプリケーションゲートウェイ型のファイアウォールは、アプリケーション層の HTTP や FTP に対して、その通信内容を解釈して検査を行う。

3　DMZ は、インターネットとローカルネットワークとの間の境界領域のことで、ここには Web サーバやメールサーバが置かれることが多い。

4　無線 LAN の接続のしやすさによって起こる問題に対処するために、接続できる PC を制限するための SSID や MAC アドレスフィルタリング、通信データを暗号化する WEP や WPA といった方式がある。

|練|習|問|題|

問題1　パケットフィルタリング型とアプリケーションゲートウェイ型のファイアウォールについて、それぞれの働きを簡潔に説明しなさい。

問題2　DMZ の目的とその構成について簡潔に説明しなさい。

問題3　対策をしていない場合の無線 LAN について、その利用上の問題点を二つ挙げなさい。

問題4　無線 LAN に関する SSID、MAC アドレスフィルタリング、WPA の機能について、それぞれ簡潔に説明しなさい。

第10章

暗号化と認証技術について

教師　皆さんは、Web を使って商品を買ったりしたことがありますか？

生徒　はい。たまに利用します。本や PC ソフトを買ったり、ネットのフリーマーケットで欲しいものを買ったりします。

教師　そうですね。今では、Web で買い物をすることは、普通になってきていますね。ただ、買い物をするとき、心配に思うことはありませんか？

学生　あります、あります！　一番心配なのは、キャッシュカードの番号や暗証番号を入力するときで、盗まれたらどうしようかと思います。

教師　そうですよね。やはり、インターネットで大切な情報を送るときは心配ですよね。今回は、そのような危険性を少なくするための暗号化や認証の技術について学びましょう。

生徒　はい。インターネットを使うには、絶対、知っておく必要がありそうですね。

この章で学ぶこと

1　共通鍵暗号方式と公開鍵暗号方式について概説する。

2　SSL の仕組みと、SSL に関連する技術について概説する。

3　PKI を使った電子署名と認証局の仕組みについて概説する。

10.1 暗号化の技術

10.1.1 共通鍵暗号方式

・ある値と演算を使って平文（読める文書）を読めない状態に変換した文書が暗号文で、この変換に使う値を暗号鍵という。平文を暗号文に変換する処理を暗号化、その逆の処理を復号という。
・暗号化と復号の処理で同じ暗号鍵を使う方式を、共通鍵暗号方式という。この方式で代表的なものに DES がある。

(1) 暗号化について

　無線 LAN を使った通信では、それを第三者に盗み見される危険性があるため、WEP やWPA といった方式によりデータを暗号化することを前章で紹介しました。実は、インターネットでの通信も、データは暗号化されない状態で通信されており、通信の途中でデータを盗み見される危険性があります。したがって、個人情報やキャッシュカードなどの重要なデータを送る場合はもとより、原則データを通信する場合、暗号化することが推奨されています。

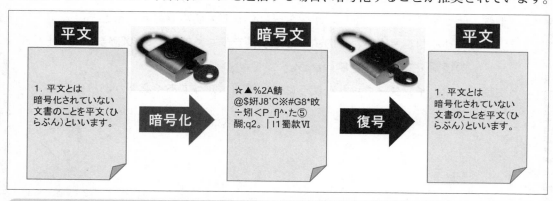

図 10.1　暗号化と復号

　暗号化は解読方法を知らないと文書が読めない状態に変換することで、暗号化の有名な方法にシーザー暗号があります。シーザー暗号とは、文字を一定の数だけずらすという方法で、たとえば、「かぎ」を五十音順で 3 文字ずらすと「けご」となり、意味のない言葉となります。ただ、この言葉も、3 文字ずらすという解読方法（鍵といいます）を知っていれば、3 文字逆にずらすことで元の言葉に戻すことができます。図 10.1 に、この一連の操作と操作に関連する用語を示しています。

図の用語の意味は、次のようになります。

- **平文**_{ひらぶん}：暗号化されていない状態で、普通に読める文書
- **暗号文**：平文に対して演算などのある変換ルールを適用して、読めない状態にした文書
- **暗号化**：平文を暗号文に変換する処理
- **復号** [140]：暗号文を平文に戻す処理
- **暗号鍵**（暗号キー）：暗号化や復号の処理に使う値（単に鍵（キー）と呼ぶこともあります）

(2) 共通鍵暗号方式と DES

　一般的に、暗号化と復号の処理では同じ暗号鍵を使って行います。このように、同じ鍵を使って行う暗号処理のことを、**共通鍵暗号方式**といいます。また、この鍵のことを、特に**共通鍵**といいます。前章で紹介した WEP や WPA も共通鍵暗号方式で暗号化を行っています。インターネットの通信で利用される共通鍵暗号方式としては、DES という暗号化の方式及びその方式を改良したものがよく使われます。

　DES [141]（Data Encryption Standard）は、米 IBM 社が 1970 年代に開発した共通鍵暗号方式で、1977 年から米国政府の標準の暗号方式として採用されたことで有名になり、普及しました。この方式は、データを 64 ビットごとの長さのブロックに分割して、各ブロックを 56 ビットの長さの鍵で暗号化するという方法です。ただ、56 ビットの長さの鍵だと、ある程度の時間をかけて解析すると見破られてしまうことが分かりました。

　鍵の長さは、そのビット数が大きいほど数字の組合せが多くなるため、鍵を見破られる可能性が低くなります。したがって、現在では、DES を改良した**トリプル DES** [142] という方式が使われています。この方式は、長さ 56 ビットの三つ鍵 K1、K2、K3 を使い、まず、平文を K1 により暗号化し、この暗号文に対して K2 で復号の処理 [143] を行い、さらに、この復号した文を K3 で暗号化するという 3 重の処理を行う方式です。この場合、56 ビットの長さの鍵を三つ使っているので、168 ビットの長さの鍵を使った暗号化と捉えることができます。

140　暗号化に対する処理は復号化ではなく、「復号」というように化が付かないことに注意しましょう。

141　DES は、OS の UNIX にログインするときのパスワードが DES を使って暗号化されていることでも有名です。

142　トリプル DSE では、K3 の鍵を K1 と同じ鍵を使う方法もあります。この場合は鍵の長さが 112 ビットとなります。

143　K1 で暗号化した暗号文を、K1 と異なる K2 で復号しても共通鍵暗号方式の場合、元の平文に戻るわけではありません。したがって、この処理も、さらに暗号化を行っていると捉えることができます。

　また、DES に代わって米国政府の標準の共通鍵暗号方式として採用された方式が、**AES**（Advanced Encryption Standard）です。 AES は、128 ビットのブロックごとに暗号化する方式で、鍵の長さは 128 ビットと 192 ビットと 256 ビットの三つが選択できます。

　ところで、DES や AES のような共通鍵暗号方式を使った通信の場合、1 対 1 での通信を行う場合、お互いに同じ鍵をもって、暗号化と復号を行うので、管理する鍵は一つで済みます。ただ、図 10.2 のイメージに示すように、この方式でたくさんの人と通信を行う場合、それぞれの人との通信の秘密を守るためには、一人ずつ別々の鍵を使って暗号化する必要があり、そのために、人数分の共通鍵を用意し、その鍵を管理しなければならないといった煩雑さが発生します。このように、共通鍵暗号方式は、多くの人との通信には不向きな方法といえます。

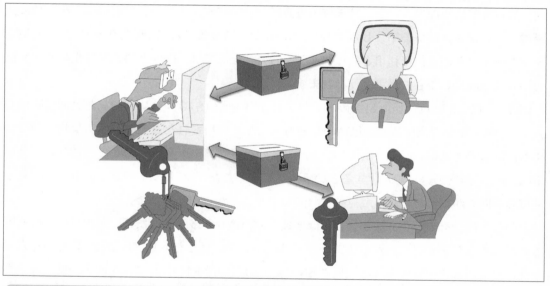

図 10.2　共通鍵暗号方式での鍵の管理

10.1.2　公開鍵暗号方式

・公開鍵暗号方式は、暗号化と復号で別の鍵を使う方式で、一方の鍵（公開鍵）をインターネット上に公開し、もう一方の鍵（秘密鍵）を知られないように管理する。
・公開鍵暗号方式で代表的な方式に RSA がある。

(1) 公開鍵と秘密鍵

　一人の人が多数の人と暗号通信を行う場合に向いている暗号方式に、**公開鍵暗号方式**[144] があります。この方式は図 10.3 に示すように、二つの鍵（図では A と B）を使う方法です。この二つの鍵は、図の①に示すように鍵 A で暗号化した場合は鍵 B でしか復号できません。逆に、②に示すように鍵 B で暗号化した場合は鍵 A でしか復号できません。このようにこの二つの鍵は、一方で暗号化すると、もう一方でしか復号できないという特性をもっています。

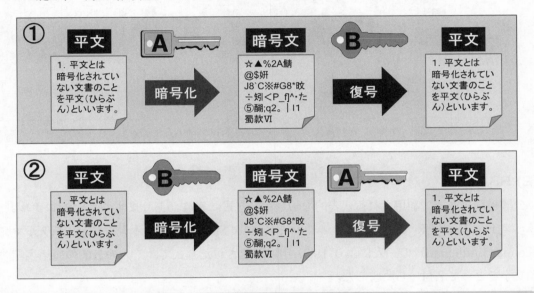

図 10.3　公開鍵暗号方式の鍵の特性

　公開鍵暗号方式では、この鍵の特性を使って、図 10.4 に示すような利用がなされています。図の K さんが不特定多数の人と暗号化による通信を行いたいとき、自分のもつ一方の鍵をインターネットを使って公開します。この鍵のことを**公開鍵**といいます。そして、もう一方の鍵を誰にも知られないように管理します。この鍵を**秘密鍵**といいます。

　K さんと暗号化による通信が行いたい M さんは、インターネット上に公開されている K さんの公開鍵を入手して、その鍵で暗号化して K さんに送ります。それを受け取った K さんは自分だけがもつ秘密鍵で復号することで、M さんが送ってきた情報を見ることができます。K さんの公開鍵で暗号化された情報は、K さんだけがもつ秘密鍵でしか復号できないので、この方法を使うことで、K さんは、M さんに限らず誰とでも暗号化による通信を行うことができます。

144　公開鍵暗号方式は、ディフィー（Whitfield Diffie）と ヘルマン（Martin E. Hellman）によって 1976 年に考案されました。

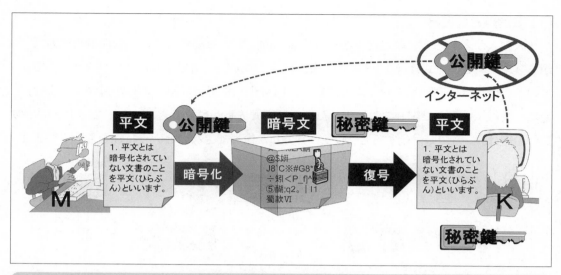

図10.4　公開鍵暗号方式の仕組み

(2) RSA

　公開鍵暗号方式で利用される代表的な暗号化の方式に **RSA** があります。RSA は、ロナルド・リベスト（Ronald Rivest）、アディ・シャミア（Adi Shamir）とレオナルド・エーデルマン（Leonard Adleman）の三人により 1977 年に開発された方式で、三人の名前の原語表記の頭文字をとって名付けられました。

　たとえば、RSA は、二つの素数とその積の値を使って鍵をつくります。二つの素数が 3 と 5 の場合、その積は 15 です。このとき、暗号化する前の値が 7 であったとすると、これをべき乗して 15（3 と 5 の積）で割った余りを求めます。次の①～⑨は、$7^1 \sim 7^9$ の値を 15 で割った余りを求めたものです。

① $7^1 = 7$ を 15 で割った余りは 7

② $7^2 = 49$ を 15 で割った余りは 4

③ $7^3 = 343$ を 15 で割った余りは 13

④ $7^4 = 2,401$ を 15 で割った余りは 1

⑤ $7^5 = 16,807$ を 15 で割った余りは 7

⑥ $7^6 = 117,649$ を 15 で割った余りは 4

⑦ $7^7 = 823,543$ を 15 で割った余りは 13

⑧ $7^8 = 5,764,801$ を 15 で割った余りは 1

⑨ $7^9 = 40,353,607$ を 15 で割った余りは 7

このとき、⑨の結果が暗号化する前の値と同じ 7 となっています。実は、最初に決めた

二つの素数から1を引いた値の積に1を足した値、この例では（3−1）×（5−1）＋1 ＝ 9 であり、この値でべき乗したときの余り、すなわち、7 を 9 乗したときの余りが、暗号前の値に戻るといったことが分かっています。

　この性質を使った暗号化が RSA です。上の例を使って「3 乗して 15 で割る」を暗号化の鍵としましょう。このとき、暗号化の結果は③の 13 となります。これを復号する場合、9 乗すると元に戻ることが分かっていますから、暗号化により、すでに 3 乗しているので、さらに 3 乗すれば 9 乗したことになります。したがって、復号の鍵は「さらに 3 乗して 15 で割る」[145] となり、この計算により元の値を求めることができます。実際、$13^3 = 2,197$ を 15 で割った余りは 7 となります。このとき、復号鍵を求めるためには、二つの素数の値を知っている必要があるため、これを知らないで暗号を解くことは難しいとされ、RSA は安全性の高い方式と考えられています。

10.1.3　SSL/TLS

・SSL/TLS は、トランスポート層とアプリケーション層との間で動作する暗号化プロトコルであり、アプリケーション層の HTTP などのプロトコルは、SSL/TLS を意識することなく利用できる。

・HTTPS は、HTTP の通信に SSL/TLS を使って暗号通信する方法である。

　公開鍵暗号方式は、インターネットでの通信、特に、インターネットを使った取引などで広く使われており、この方式を利用する基盤を提供する仕組みのことを、**PKI**（Public Key Infrastructure、**公開鍵暗号基盤**）といいます。PKI を使ったインターネットでの暗号化の通信プロトコルに SSL（Secure Socket Layer）があります。SSL は、米 Netscape Communications 社が開発し、その後、**RFC**[146] が SSL を改良して **TLS**（Transport Layer Security）という名称で規格化しましたが、現在でも SSL という名称が残り、TLS を含めて SSL と呼んだり、または、二つを合わせて SSL/TLS と呼んだりしています。

145　例を簡単にするために小さい値で行ったので、この例では、偶然、暗号鍵と復号鍵が同じになっていますが、実際には、二つの素数にはもっと大きな値を使うので、暗号鍵と復号鍵が同じ値になることは希です。RSA の考え方を詳しく知るには、Web ページ http://www.maitou.gr.jp/rsa/ が参考になります。

146　RFC（Request for Comments）は、IETF（Internet Engineering Task Force）による技術仕様を公開及び維持する方式のことです。日本語では「コメント募集」という意味であり、IETF で検討した技術仕様を公開して、それに対する意見を募集する仕組みのことを表しています。RFC によって、通信に関するプロトコルやファイルフォーマットが規定され、公開されています。

　図 10.5 に示す仕組みが SSL/TLS を使った通信の手順です。この手順は、TLS サーバ（SSL サーバ）によって、実現されます。図の例では、M さんが、TLS サーバを運用する K さんに対して通信する場合の流れを示しています。

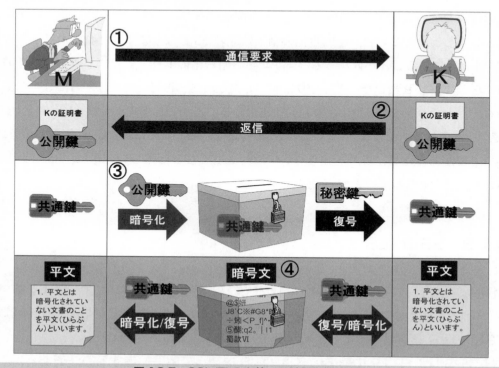

図 10.5　SSL/TLS を使った暗号通信の手順

① 　M さんは、K さんに通信の開始を要求します。

② 　K さんは、自分の証明書と公開鍵を M さんに送ります。

③ 　K の証明書と公開鍵を受け取った M さんは、以降の通信で利用する共通鍵をつくり、つくった共通鍵を K さんの公開鍵で暗号化して送ります。受け取った暗号化された共通鍵を、K さんは自分の秘密鍵で復号します。

④ 　M さんと K さんは、それ以降の通信では、お互いがもっている共通鍵[147]を使って、暗号通信を開始します。

　SSL/TLS は、トランスポート層（OSI 参照モデルでは第 4 層）とアプリケーション層（OSI

147　SSL/TLS で実際のデータをやり取りする場合には、共通鍵を使った共通鍵暗号方式が利用されます。これは、暗号化と復号の処理が、公開鍵暗号方式よりも共通鍵暗号方式の方が高速に行えるためです。共通鍵暗号方式では、RC4、トリプル DSE や AES などの方式が利用されます。

参照モデルでは第5層のセッション層）との間で動作するプロトコルです。したがって、HTTPやFTPなどのアプリケーション層のプロトコルは、その下位でSSL/TLSが機能するので、Webブラウザなどのアプリケーションソフトは、その仕組みを意識することなく利用することができます。

図10.6　HTTPSを使ったWebブラウザでの表示例

　現在のWebを使った通信では、情報のやり取りが頻繁に行われるので、通信の安全性を高めるために**HTTPS**（Hypertext Transfer Protocol over Secure Socket Layer、HTTP over SSL）が使われています。HTTPSは、HTTPによる通信をSSL/TLSを使って暗号化して通信する方法のことで、この方法を使った通信の場合、図10.6にあるように、URLの表示が「https://〜」となり、また、ブラウザの画面に南京錠のマークが表示されます。

　SSL/TLSの他でよく使われる暗号通信の方式に**SSH**（Secure Shell）があります。SSHは、第6章の6.1.3で紹介したサーバを遠隔地のPCから操作するTelnetの通信を暗号化するために使われるプロトコルでした。SSL/TLSとSSHの大きな違いは、SSL/TLSは不特定多数の人との通信において送受信するデータを暗号化するのに対して、SSHは特定のPCとサーバ間の1対1での通信において通信経路（通信全体）を暗号化するといった点です。

10.2　認証の技術

10.2.1　なりすましと電子署名

・電子署名は、文書を変換して作成したハッシュ値と公開鍵を組み合わせたものであり、これによって送られてきた文書が改ざんされていないかを確認する仕組みである。

(1) なりすましと改ざん

　SSL/TLS を使った暗号化による通信を行うことで、インターネット上で通信内容を盗み見される危険性は減少します。ただ、**なりすまし**やデータの**改ざん**といった危険性が残っています。図 10.5 の①で示したように、M さんが K さんに対して通信要求を行った後、②で K さんは M さんに自分の証明書と公開鍵を送ろうとします。

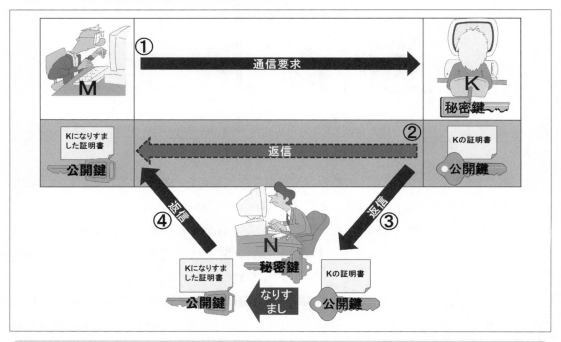

図 10.7　なりすましによる改ざんの例

　このとき、図 10.7 に示すように、この二人の通信を傍受していた悪意の第三者 N がおり、本来は②で M さんに直接通信する K さんの証明書と公開鍵を③のように N が横取りして、K さんの証明書を改ざんして、K さんの公開鍵を自分の公開鍵とすり替えて④のように送った

としたら、その後のMさんの通信は、Kさんと思い込んで、なりすましたNとの通信になってしまう可能性があります。

(2) 電子署名

先に説明した**PKI**（Public Key Infrastructure、**公開鍵暗号基盤**）では、その基盤の要素として、SSLの他に、なりすましや改ざんを防ぐための**電子署名**（Electronic Signature）の技術が含まれています。図10.8は、電子署名を使った通信の仕組みを示しています。

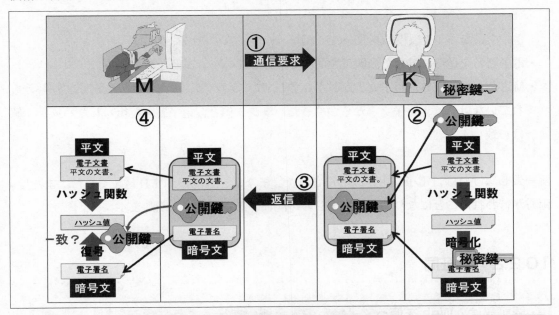

図 10.8　電子署名を使った通信の仕組み

図10.8の①に示すように、MさんがKさんとの通信を始めるとき、Kさんは図の②に示す次の操作を行います。このとき、KさんとMさんは、共通のハッシュ関数[148]と呼ばれる関数を利用します。

- KさんはMさんに送りたい平文の文書（電子文書）と自分の公開鍵を用意します。
- ハッシュ関数を使って電子文書の情報を圧縮します。圧縮された値（ハッシュ値、または、メッセージダイジェストと呼ばれることもあります）は、元の電子文書が異なると必ず違う値になるという性質をもっています。

148　**ハッシュ関数**は、与えられた情報を単語や特定の長さの情報に切り分けて分類し、それぞれの種類に異なる値を割り振ることで、与えられた情報を少ない情報で区別できるようにするものです。ただ、すべての種類に異なる値を割り振ることができるとは限らず、希に、違う種類が同じ値になってしまうことがあります。このことを衝突（コリジョン）が発生したといいます。

・ハッシュ関数により圧縮した情報を自分の秘密鍵で暗号化します。このときできた暗号文が電子署名です。

　次にKさんは、図の③に示すように、電子文書、自分の公開鍵と電子署名をセットにして、Mさんに送ります。それを受け取ったMさんは、④に示すように、次の操作を行い改ざんが行われていないかを確認します。

・電子文書をハッシュ関数を使って圧縮し、ハッシュ値をつくります。
・電子署名を送られてきた公開鍵を使って復号し、ハッシュ値を求めます。
・Mさんが受け取った電子文書が改ざんされていなければ、または、公開鍵がすり替えられていなければ、電子文書からつくったハッシュ値と、電子署名を復号したハッシュ値は一致します。

　一致しなければ、電子文書が改ざんされた、または、公開鍵がすり替えられた、または、両方が行われたことになり、なりすましの可能性のあることが判明します。

10.2.2　認証局

・認証局は、Web を使って不特定の人と取引を行うような企業に対して、電子証明書を使って、健全な取引を行っている会社であることを証明するといった機関である。

　電子署名の仕組みを使うことで、MさんとKさんとの通信において、なりすましや改ざんを防ぐことができます。ただ、この方法は信頼できるKさんとの通信を安心して行うものであり、Kさん自身が信頼できるという前提が必要です。インターネット上の取引では、悪徳業者や**フィッシング詐欺**[149] に注意する必要があります。このような危険に対処するために、PKI の基盤の中で**認証局**[150]（**CA**：Certification Authority）と呼ばれるサービスが行われています。たとえば、インターネットを使って商売を行う企業が、Web を使って不特定の人と

149　フィッシング詐欺については、第 8 章の表 8.1 を参照
150　認証局には、認証業務を有償でサービスする商用認証局と呼ばれる企業があり、当初は、世界的にベルサインが有名でした（現在は、デジサートが引き継いでいます）。日本では日本電子公証機構やセコムトラストシステム、帝国データバンクなどがあります。

取引を行う場合、自分の会社が信頼のおける経営を行っている企業であることを、認証局に
証明してもらいます。

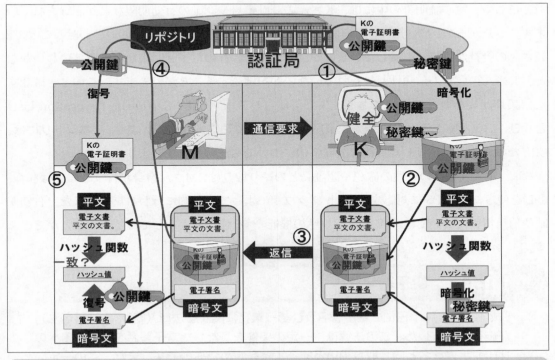

図 10.9　認証局を使った通信の仕組み

　図 10.9 の①に示すように、Kさんが自分の会社が信頼できる組織であることを証明する
ために、中立的な第三者である認証局に、電子証明書の発行を依頼します。認証局は、Kさ
んを審査して信頼性が証明できたときには、Kさんの公開鍵の情報を含む電子証明書[151] を
発行し、この電子証明書を認証局の秘密鍵で暗号化します。

　図の②で示すように、Kさんは、Mさんに送る平文の電子文書、電子文書をハッシュ関数
と自分の秘密鍵を使ってつくった電子署名と、認証局の秘密鍵で暗号化されたKさんの電子
証明書をセットにして送信（③）します。これを受け取ったMさんは、④に示すように、電
子証明書を発行した認証局の公開鍵を使って、電子証明書を復号します。復号することで、
Kさんの公開鍵が利用できるようになるので、⑤に示すように、Mさんは、Kさんから送ら
れてきた平文から計算したハッシュ値と、電子署名をKさんの公開鍵で復号したハッシュ値

151　電子証明書についても、電子署名の仕組みが適用されています。実際には、認証局の情報、認証し
　　た機関の認証情報とその機関の公開鍵を含めた電子文書と、それをハッシュ値にして暗号化した電
　　子署名とをセットにして、電子証明書はつくられています。

とを比較し、一致するかを確認します。一致すれば、Kさんが認証局の審査を通った組織であることと、なりすましがないことを確認でき、安心して取引を行うことができます。

　ところで、電子証明書の中には、Kさんの認証番号や認証の有効期限などが記録されています。したがって、Mさんは、電子証明書の認証番号を使って認証局に問い合わせることで、Kさんの会社がすでに消滅していないか、Kさんの会社の電子証明書が盗まれていないかなど、Kさんの会社の信頼性が失われていないかを確認することができます。このとき確認する信頼性が失われた情報のことを、失効証明書リスト（**CRL**：Certificate Revocation List）と呼び、この情報は図10.9に示す認証局のリポジトリに記録されています。**リポジトリ**には、CRLだけでなく、認証した機関の公開情報についても記録されています。

　なお、電子署名との一致の確認や認証局とのやり取りは、Mさん自身が行うものではなく、SSLを使ったHTTPSに対応するWebブラウザによって自動的に行われます。また、有効期限や信用情報については、Webブラウザの機能[152]を使って表示して確認することができます。

> ## 💡Tips　電子署名法
>
> ・平成13年4月1日に「電子署名及び認証業務に関する法律（略称：電子署名法）」が施行されました。この法律は、一定の条件を満たした電子署名を、契約書への押印や手書署名と同じ取り扱いとすることを定めたものです。また、この一定の条件を満たした電子署名であるかを承認できる認証局の業務を、特定認証業務といいます。

152　図10.6で示したWebブラウザの南京錠のマークをマウスでクリックすると、証明書の内容が表示されます。

この章のまとめ

この章のまとめ

1　ある値と演算を使って平文を読めない状態に変換した文書が暗号文で、この変換に使う値を暗号鍵という。平文を暗号文に変換する処理を暗号化、その逆の処理を復号という。

2　暗号化と復号の処理で同じ暗号鍵を使う方式を、共通鍵暗号方式という。この方式で代表的なものに DES がある。

3　公開鍵暗号方式は、暗号化と復号で別の鍵を使う方式で、公開鍵をインターネット上などに公開し、秘密鍵を知られないように管理する。この方式で代表的な方式に RSA がある。

4　SSL/TLS は、トランスポート層とアプリケーション層との間で動作する暗号化プロトコルで、アプリケーション層の HTTP などのプロトコルは、SSL を意識することなく利用できる。HTTPS は、HTTP の通信に SSL/TLS を使って暗号通信する方法である。

5　電子署名は、文書を変換して作成したハッシュ値と公開鍵を組み合わせたものであり、これによって送られてきた文書が改ざんされていないかを確認することができる。

6　認証局は、Web を使って不特定の人と取引を行うような企業に対して、電子証明書を使って、健全な取引を行っている会社であることを証明するといった機関である。

175

|練|習|問|題|

問題 1 共通鍵暗号方式と公開鍵暗号方式について、その違いが分かるように簡潔に説明しなさい。また、それぞれの方式を実現する代表的な種類の名称を述べなさい。

問題 2 SSL/TLS の暗号化の仕組みを簡単に説明しなさい。また、SSL/TLS を使っている代表的な通信サービスの名称を述べなさい。

問題 3 電子署名の仕組みを簡単に説明しなさい。また、電子署名によって防ぐことのできる行為を述べなさい。

問題 4 認証局の仕組みを簡単に説明しなさい。また、認証局を利用する用途について簡潔に説明しなさい。

第11章

企業でのネットワーク応用

教師 ついに、お話しする内容としては、この章で終わりとなります。よく頑張って聞いてくれました。ありがとう。

学生 先生、泣かないでください。

教師 泣くわけないでしょ！

教師 今回は、企業で実際によく使われている、ネットワークを仮想化する技術について紹介します。

学生 仮想化で、流行のバーチャルですか？

教師 そうです。ネットワークを仮想化することで、ネットワークの柔軟性が高まり、利用しやすいネットワークを構築することができます。
それでは、最後の話を始めましょう。

学生 最後の話だから、しっかり勉強しよーと。

教師 ・・・（まだ、第12章もあるんだけど）

この章で学ぶこと

1 インターネット使って仮想的なプライベートネットワークをつくる VPN という技術について概説する。

2 LAN を仮想的にグループ分けして、通信の独立性を確保する VLAN という技術について概説する。

3 VLAN を応用した認証 VLAN について概説する。

11.1 インターネットを使った WAN の構築

11.1.1 VPN

- VPN は、カプセル化とトンネリングを使って、電話やインターネットなどの公衆の伝送路で、プライベートな通信を行うことである。
- カプセル化は、パケット全体を、別のヘッダの付いたパケットに組み込むことで、異なるレイヤやプロトコルでも通信可能にすることである。カプセル化を使って異なるレイヤやプロトコルで通信することをトンネリングという。

　会社の本支社ごとの LAN を結んで WAN を構築する場合、通信事業者の専用線を借りてつなぐのが一般的でした。専用線を使うことで、WAN への外からの侵入がなく安全なネットワークを構築することができます。しかし、専用線はみんなで共同利用するインターネットに比べその接続料が高く、また、専用線は 1 対 1 の接続のため、図 11.1 のように多地点をつなぐためには、少なくとも東京－名古屋、東京－大阪、名古屋－大阪といった複数の専用回線が必要となります。

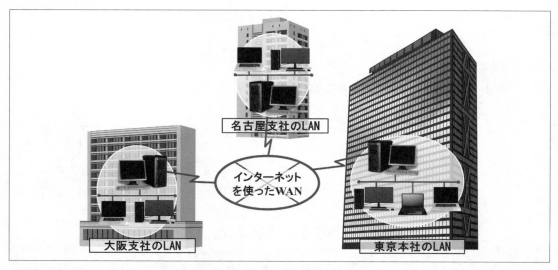

図 11.1　インターネットを使った WAN

　したがって、最近では、接続料が安価で多地点の接続が可能なインターネットを使ってWAN を構築することが多くなってきています。ただ、インターネットは公衆回線であり、ある会社が専用に利用することは当然できません。また、専用線ではないので、誰かにデー

タが見られてしまう危険性もあります。したがって、VPN という技術を用いて、インターネットを使った WAN を構築する方法が行われています。

VPN [153] (Virtual Private Network) は、電話やインターネットなどの公衆的な伝送路を使って、公衆網を意識しないでプライベートな通信を行うことができるようにする仕組みです。たとえば、図 11.2 の東京本社の LAN と大阪支社の LAN との二つの LAN 間での通信を行うために、それらの LAN をインターネットでつないでいるとします。このとき、大阪支社の PC5 から東京本社の PC3 にデータを送る場合、東京本社の LAN と大阪支社の LAN が直接接続されていれば、社内 LAN で使われているそれぞれの PC のプライベートアドレスによって送信することができます。しかし、インターネットでは、当然ですが、プライベートアドレスを使うことができません。

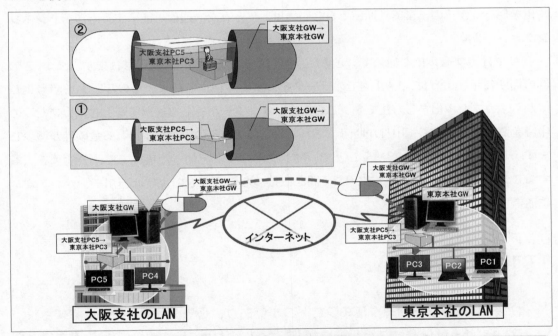

図 11.2　インターネット VPN を使った通信のイメージ

　したがって、図 11.2 の①の箇所に示すように、大阪支社の PC5 から東京本社の PC3 に送るデータをインターネットに流す前に、大阪支社のゲートウェイ（GW）は、大阪支社の GW と東京本社の GW がもつグローバルアドレスが付いたパケットに組み込んで（このこと

153　以前は音声通話を行う電話回線を使って、この仕組みが行われていました。したがって、特に、インターネットを使ったものをインターネット VPN または IP-VPN と呼ぶことがあります。

を、**カプセル化**[154] という）送信します。

　このカプセル化されたパケットを東京本社の GW が受け取ると、カプセルに組み込まれていたデータを取り出し、東京本社の LAN 内に流します。取り出されたデータには PC3 のプライベートアドレスが付いているので、大阪支社の PC5 から送られたデータは、無事、PC3 に到着します。

　このように、インターネットによってつながれたそれぞれの LAN 内の PC は、カプセル化によって、LAN 間における通信において、それをつなぐインターネットを意識することなく通信することができます。すなわち、カプセルに入ったデータは、カプセルを出るまで、インターネットを経由することを意識することなく、インターネットの中を専用のトンネルを使って通り抜けていくようなイメージで捉えることができます。したがって、このカプセル化を使って、そのままでは通信できないネットワークを、通信可能にする方法を**トンネリング**といいます。

　VPN ではカプセル化に加えて、さらに、暗号化の仕組み[155] も利用されます。図 11.2 の②の箇所に示すように、LAN 内でのデータをカプセル化する前に、そのデータを暗号化してから、カプセル化する方法です。この場合、インターネットを通過するときにカプセルの中身を盗み見されても、中身が暗号化されているため、その内容を読まれる危険性が減少します。したがって、VPN を使うことで、インターネットを使った接続でも、公衆網を意識することなく、専用線を使って、LAN 間を直接つないだときのような運用で、かつ、安全に通信することができます。

11.1.2　IPsec

・IPsec は、ネットワーク層のプロトコルであり、ルータなどの機器に実装されており、LAN 間をつなぐルータが IPSec によりカプセル化と暗号化とを行い VPN を実現する。
・IPsec は、ESP と呼ばれる箇所にデータを暗号化して格納し、暗号化の方式と鍵の情報、及びデータの完全性と通信相手の認証のための情報を付加する。

154　カプセル化の一般的な意味は、パケット全体を、別のヘッダの付いたパケットに組み込むことで、異なるレイヤやプロトコルでも通信可能にすることです。
155　第 10 章で紹介した HTTPS のような暗号化通信の場合は、Web での通信に限った暗号化通信でした。しかし、VPN は決まった地点間での通信で、すべてデータを暗号化して通信するというものです。

　VPN に使われる通信のプロトコルとしては、PPTP、IPsec という代表的なものと、SOCKS というプロキシサーバを使った方法もあり、それぞれ異なるレイヤ（階層）[156] で動作します。

- **PPTP**（Point to Point Tunneling Protocol）：Microsoft 社が提唱したプロトコルで、離れたところにある Winodows の PC と Winodows のサーバをインターネットを使って接続し、カプセル化と暗号化の機能により VPN を実現します。データリンク層で動作するプロトコルで、遠隔の PC を電話回線を使って会社のリモートアクセスサーバに接続するためのダイヤルアップ PPP（Point to Point Protocol）[157] をインターネットを使った接続で利用できるように拡張したものです。リモートアクセスサーバとは、**RAS**（Remote Access Service）サーバとも呼ばれ、外部から接続された PC の認証を行い、認証後に、内部のネットワークとの通信を許可します。

- **IPsec**（Security Architecture for Internet Protocol）：ネットワーク層で動作するプロトコルであり、ルータなどの機器に、このプロトコルを実施する機能が実装されています。LAN 間をつなぐルータが IP プロトコルにより通信するときに、IPSec によりカプセル化と暗号化を行います。したがって、このプロトコルは PPTP や SCOKS のようにサーバとクライアントをつなぐものではなく、LAN 間接続といった拠点間を結ぶ場合に利用されます。IETF（The Internet Engineering Task Force）という組織により通信規格として標準化が進められています。

- **SOCKS**（SOCKet Secure）：プロキシサーバの機能を使って VPN を実現するプロトコルで、トランスポート層で動作します。ポート番号には一般的に 1080 番を使います。SOCKS サーバのことを **SOCKS プロキシサーバ** と呼ぶことがあります。内部ネットワークの PC が外部と通信するとき、プロキシの機能をもつ SOCKS サーバを経由して通信することで、外部との通信データをカプセル化します。このときアプリケーション層のプロトコル SSH で暗号化することで、VPN と同じような仕組みを構成できます。SOCKS も IETF により通信規格として標準化を進めており、現在のバージョンは SOCKS5（SOCKSv.5）となっています。

156　PPTP のデータリンク層は、OSI 参照モデルでの第 2 層となります。IPsec のネットワーク層は、OSI 参照モデルでの第 3 層となります。SOCKS のトランスポート層は、OSI 参照モデルでの第 4 層となります。

157　ダイヤルアップ PPP により、電話回線を使ってプロバイダー（ISP）経由でインターネットに接続する方法に **PPPoE**（PPP over Ethernet）があります。ただ、インターネット接続で普及している光回線の場合は、IPv6 により通信が行われているので、PPPoE に代わり **IPoE**（IP over Ethernet）を使ったインターネット接続が使われます。

　ここで、VPN として使われることの多い IPsec を取り上げ、このプロトコルを例にトンネリングの仕組みを説明してみます。IPSec による IP パケットの構造 [158] が、図 11.3 です。

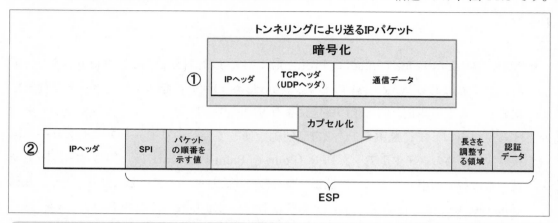

トンネリングにより送るIPパケット

暗号化

| ① | IPヘッダ | TCPヘッダ
（UDPヘッダ） | 通信データ |

カプセル化

② IPヘッダ ｜ SPI ｜ パケットの順番を示す値 ｜ ｜ 長さを調整する領域 ｜ 認証データ

ESP

図 11.3　IPSec によるトンネリングを行う IP パケットの構成

　たとえば、先の図 11.2 に示した大阪支社の PC5 から東京本社の PC3 に送るデータの場合、その IP パケットが図 11.3 で示す①の IP パケット（トンネリングにより送る IP パケット）となります。①の IP パケットの IP ヘッダには、大阪支社の PC5 と東京本社の PC3 の IP アドレスが書かれています。

　PC5 から、①の IP パケットを受け取った大阪支社の GW は、IPsec の機能を使って、その IP パケットを暗号化して、②のように IP パケットの **ESP**（Encapsulating Security Payload、暗号ペイロード [159]）の箇所に格納します。そして、この②の IP パケットには、東京本社の GW との通信のための IP ヘッダを付けて送信します。

　ESP には、格納したデータの暗号化、データの完全性、通信相手の認証という三つの点から、図 11.3 に示すように SPI と認証データと呼ばれる情報が付加されます。

- **SPI**（Security Pointer Index）：暗号化に使った暗号化の方式（暗号化アルゴリズム）と暗号鍵の種類を示す情報。IPSec では、暗号化の方式として DES やトリプル DES などの共通鍵暗号方式が利用されます。

158　IPSec によりトンネリングを実現するパケットの構造をトンネリングモードといいます。その他には、トランスポートモードがあります。このモードは、図 11.3 の①の IP パケットの代わりに TCP パケット（IP ヘッダのないもの）を格納する方式で、たとえば、図 11.2 の東京本社 GW と大阪支社 GW 同士が暗号化通信を行うときなどに使われます。

159　ペイロードとは、最大積載量という意味です。第 5 章の 5.2.2 で説明したように、通信の分野では、パケットに格納する通信データを指す言葉として使われています。

・**認証データ**（AH：Authentication Header）：通信データに、通信相手との共通のパスワードを加えた内容をハッシュ関数によって変換して得た要約情報で、この情報を MAC（Message Authentication Code）といいます。

　大阪支社の GW からの IP パケットを受け取った東京本社の GW は、SPI に示された暗号化の方式と暗号鍵の情報を使って、暗号化された通信データを復号します。また、東京本社の GW は、受信した通信データに対して、大阪支社の GW との共通パスワードを加えたものをハッシュ関数により変換し、その値（MAC）が送られてきた認証データ（MAC）と一致するかを確認します。このことで、送られてきたデータの正しさと、共通パスワードが大阪支社の GW と一致するかを確認することができます。すなわち、通信データが途中で改ざんされていない完全なものであり、また、大阪支社の GW から送られてきたものであることを認証することができます。

　ところで、大阪支社の GW と東京本社の GW では、この IPSec での通信を開始する前に、ネゴシエーション（事前の折衝）と呼ばれる通信を行います。この通信プロトコルのことを **IKE**[160]（Internet Key Exchange protocol）といい、これによって、通信によりお互いが利用する暗号化の方式と暗号鍵が決められます。そして、この取り決めの情報が SPI に記載されるものとなります。

11.2　社内 LAN の仮想的なグループ化

11.2.1　VLAN

・ VLAN はハブなどの設定によって LAN のグループを構成することで、ポート VLAN はスイッチングハブ（L2 スイッチ）がもつ VLAN テーブルを使って、ハブのポート番号ごとに VLAN のグループを設定する。
・ タグ VLAN は、イーサネットフレームに 4 バイトの VLAN タグと呼ばれる情報を追加し、この情報によってどの VLAN の通信データかを識別して通信を制御する方法である。

160　IKE によって決められた暗号化の方式や暗号鍵などの合意のことを、SA（Security Association）と呼ばれています。

(1) VLAN とは

　社内の PC でネットワークを構築する場合、部署ごとのデータを他部署から見られないように するために、図 11.4 に示すように、同じフロア内に複数の部署があるときには、部署 ごとを異なる LAN で構成することがあります。

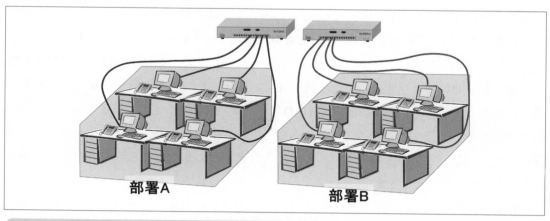

部署A　　　　　　　　　　　　部署B

図 11.4　物理的に LAN を構成するイメージ

　このとき、図のように、部署ごとに別々のハブにつないで物理的に分けるといった方法が あります。しかし、部署の編成が変わったり、部署 A だった人が部署 B に異動になったり といったことが起こった場合、ハブをつなぎ替えるといった作業がその都度必要になります。 そこで、物理的に LAN を構成するのではなく、ハブなどの設定によって LAN を構成するこ とで、つなぎ替えることなく LAN の構成を変更できるようにする **VLAN**（Virtual LAN）と 呼ばれる仕組みが利用されています。VLAN には、色々な仕組みがありますが、ここでは、 代表的なポート VLAN とタグ VLAN という仕組みについて紹介します。

💡 Tips　その他の VLAN の方式

- ・MAC ベース VLAN：PC の MAC アドレスによって LAN のグループを識別する 方式。
- ・プロトコルベース VLAN：ネットワークのプロトコル（IP、IPX、AppleTalk など） の違いによって LAN のグループを識別する方式。
- ・サブネットベース VLAN：PC の IP アドレスによって LAN のグループを識別す る方式。

注：IPX は、NetWare というネットワークで利用されていた OSI 参照モデルの第 3 層に該当するプロ トコルです。AppleTalk は、Apple 社の PC 間での通信用に開発されたプロトコルの体系です。

(2) ポート VLAN

　ポート VLAN（ポートベース VLAN）は、図 11.5 に示すように、スイッチングハブ（L2 スイッチ）がもつ VLAN テーブルを使って、ポート番号ごとに VLAN の番号を設定し、VLAN のグループ分けを行います。この設定に従って、L2 スイッチは、VLAN テーブルの VLAN 番号の異なるポートにはデータを流さないように制御します。この仕組みにより、部署 A の通信内容が部署 B には流れることがなくなるため、部署ごとの情報セキュリティを保つことができます。

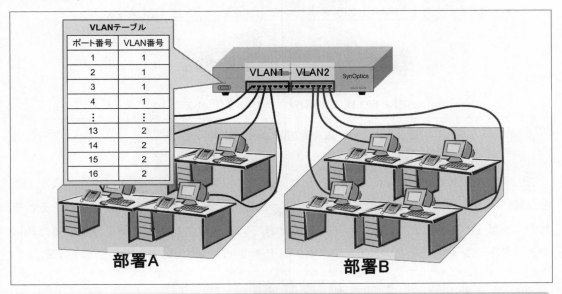

図 11.5　ポート VLAN を構成するイメージ

(3) タグ VLAN

　タグ VLAN[161] は、IEEE 802.1Q として規格化された VLAN の仕組みで、図 11.6 に示すように、イーサネットフレームに 4 バイトの VLAN タグ[162] と呼ばれる情報を追加し、この情報によってその通信データがどの VLAN のものであるかを識別する方法です。VLAN タグの中には、VLAN のグループを示すための VLAN 番号（VID：VLAN Identifier）があるので、この番号を L2 スイッチが読んで、その VLAN のグループにデータを流します。

161　タグ VLAN は、トランクリンクやトランク接続と呼ばれることがあります。

162　VLAN タグの TPID（Tag Protocol Identifier）には、IEEE 802.1Q のタグ付きフレームであることを示す値「0x8100」が設定されています。優先順位（Priority）は、フレームを通信するときの優先順位を示します。CFI（Canonical Format Indicator）は、この値が 1 の場合は MAC アドレスが非標準形式で、値が 0 の場合は MAC アドレスが標準形式であることを表しています。

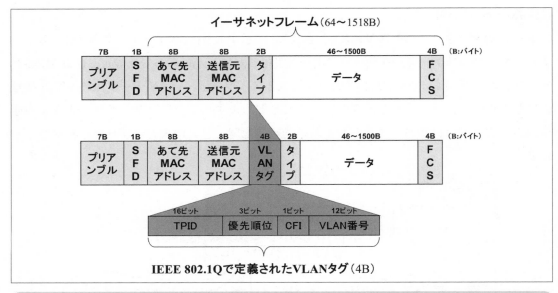

図 11.6　タグ VLAN 実現するイーサネットフレーム

　このタグ VLAN の仕組みは、図 11.7 のようなネットワーク構成のときに役立ちます。た
とえば、1 階と 2 階といったように、離れたところに部署 A と B がそれぞれあり、それぞ
れの部署は L2 スイッチ①と②によって構成されているとき、1 階と 2 階で通信するために
①と②をトランクポートという L2 スイッチ同士をつなげる専用のポートでつなぎます。

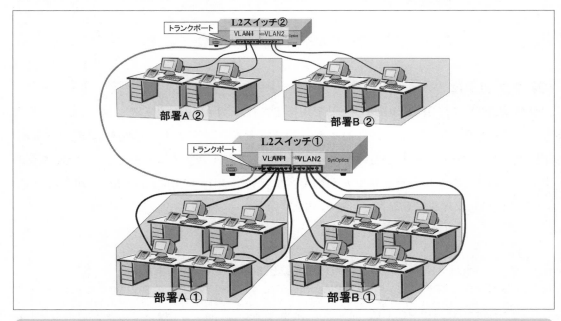

図 11.7　タグ VLAN を使った VLAN の構成例

　ここで、部署 A ②の PC から部署 A ①の PC に通信する場合、そのイーサネットフレーム
を受け取った L2 スイッチ②は、まず VLAN1 の部署 A のグループに流すデータであること
を示す VLAN タグをイーサネットフレームに書き込み、L2 スイッチ①に流します。このイー
サネットフレームを受け取った L2 スイッチ①は、VLAN タグの VLAN 番号を読み、VLAN
タグを取り除いた後、VLAN1 のグループ内にイーサネットフレームを流します。このこと
によって、部署 A の目的の PC にデータを届けることができます。この仕組みによって、離
れた場所に部署 A のグループがあったとしても、図のように L2 スイッチをトランクポート
でつなぐことによって、離れたグループ内にデータを届けることができます。

　また、タグ VLAN の仕組みは、通信事業者が提供する専用線のサービスでも利用されて
います。図 11.8 に示すように、通信事業者の高速な専用線を複数の企業によって共同利用
する場合、専用線と各会社を結ぶ L2 スイッチによって、A 社は VLAN1、B 社は VLAN 2 といっ
たように、VLAN によりグループ分けがなされます。これによって、専用線を流れるデータ
は、他の会社に流れることはなく、セキュリティを保った通信が行えます。

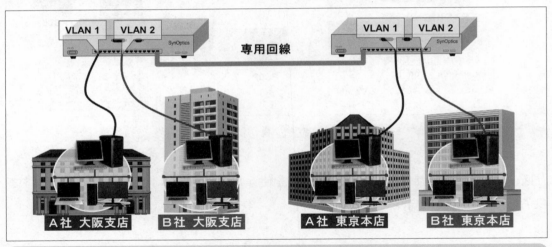

図 11.8　タグ VLAN を使った応用例

11.2.2　認証 VLAN

・VLAN を応用し、登録されていない PC をネットワーク内に無断で接続させな
　いといったセキュリティを高める方法を認証 VLAN という。

　VLAN を応用して、登録されていない PC をネットワーク内に無断で接続させないといっ
たセキュリティを高める方法があり、この方法を**認証 VLAN** といいます。この方法では、図

11.9 に示すように、認証 VLAN の機能をもった L2 スイッチの他に、RADIUS [163] と呼ばれる
サーバを利用します。

RADIUS（Remote Authentication Dial In User Service）は、ユーザを ID やパスワードな
どによって認証し、そのユーザが利用する PC のネットワークへの参加の可否を判断する仕
組み（プロトコル）で、RADIUS サーバがこの仕組みを運用します。

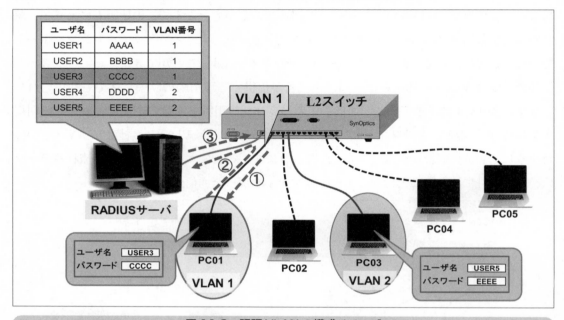

ユーザ名	パスワード	VLAN番号
USER1	AAAA	1
USER2	BBBB	1
USER3	CCCC	1
USER4	DDDD	2
USER5	EEEE	2

図 11.9　認証 VLAN の構成イメージ

図 11.9 は、認証 VLAN によって、PC01 を使うユーザ（USER3）が VLAN1 に参加する
様子を①～③の流れで示しています。

① ユーザ（USER3）が PC01 よりネットワークに参加しようとしたとき、L2 スイッチは、
PC01 に対してユーザ名（ID）とパスワードを要求します。

② PC01 より入力されたユーザ名（USER3）とパスワード（CCCC）が送られてくると、
L2 スイッチは、その情報を RADIUS サーバに送ります。

③ RADIUS サーバは、送られてきたユーザ名（USER3）とパスワード（CCCC）により、
登録されているユーザであるかを調べます。この場合は、登録されているユーザである

163　RADIUS は、一般にラディウスと呼ばれます。従来は、ダイヤルアップ接続による認証のために開
　　発されたものでしたが、VLAN 以外にも、常時接続方式のインターネット接続サービスや無線 LAN
　　でもユーザ認証のために利用されています。

ので、登録されている VLAN 番号の 1 を L2 スイッチ送り、L2 スイッチはその番号 1 を VLAN テーブルに設定することで、ユーザ（USER3）は VLAN1 内に参加できるようになります。

　この認証方法を行うことにより、RADIUS サーバに登録されていないユーザの場合は、VLAN 番号が設定されないため、ネットワークに参加することができません。また、図 11.9 のまだ接続されていない PC02 や PC04、PC05 は、まだ接続されていないので、接続されたときのユーザ名とパスワードにより、VLAN の番号が決まるため、どの PC を使っても登録された VLAN に参加することができます。このように、PC が接続されている L2 スイッチのポートに関係なく、認証によって適切な VLAN に参加することができるので、自由度の高い VLAN が構成できます。したがって、無線 LAN でのユーザ認証でもこの方法は役立ちます。

　ところで、認証 VLAN には色々な方法がありますが、上記に示した方法は、IEEE 802.1x により規格化された代表的な方式で、この方式では EAP（Extensible Authentication Protocol）と呼ばれるプロトコルが利用されます。また、認証 VLAN をさらに応用した例として、検疫ネットワークと呼ばれるものがあります。このシステムは認証時に、参加する PC のウイルス対策ソフトの状態が最新であるかといった状態を確認し、安全が確保されたときのみ、ネットワークへの参加を認めるというものです。これにより、ネットワーク全体の安全性を確保することができます。

この章のまとめ

1　VPN は、カプセル化とトンネリングを使って、電話やインターネットなどの公衆の伝送路でプライベートな通信を行うことである。カプセル化は、パケット全体を、別のヘッダの付いたパケットに組み込み、異なるレイヤやプロトコルでも通信可能にすることであり、この通信をトンネリングという。

2　IPsec は、ネットワーク層のプロトコルであり、ルータなどの機器に実装されており、LAN 間をつなぐルータが IPSec によりカプセル化と暗号化を行い VPN を実現する。IPsec は、ESP にデータを暗号化して格納し、SPI（暗号化の方式と鍵の情報）及び認証データ（データの完全性と通信相手の認証）を付加する。

3　VLAN は、ハブなどの設定によって LAN のグループを構成するもので、ポート VLAN やタグ VLAN がある。ポート VLAN は、L2 スイッチがもつ VLAN テーブルを使って、ポート番号ごとに VLAN のグループを設定する。タグ VLAN は、イーサネットフレームに 4 バイトの VLAN タグを追加し、この情報でどの VLAN の通信データかを識別して通信を制御する。

4　認証 VLAN は、RADIUS サーバを使って、登録されていない PC をネットワーク内に無断で接続させないといったセキュリティを高めた VLAN である。

|練|習|問|題|

問題1 　カプセル化とトンネリングについて、それらの意味を簡潔に説明しな
　　　　さい。また、この二つの用語を使って、VPN について簡潔に説明し
　　　　なさい。

問題2 　IPsec について簡潔に説明しなさい。

問題3 　VLAN の二つの代表的な種類の名称を述べ、それぞれの種類について、
　　　　その仕組みを簡潔に説明しなさい。

問題4 　認証 VLAN と RADIUS サーバについて、それぞれ簡潔に説明しなさ
　　　　い。

第**12**章

ネットワーク総合演習

学生　長い講義でしたが、やっと終わりましたね。ネットワークやセキュリティについて、色々学ぶことができました。本当に、ありがとうございました。よーし、近いうちに忘れないように復習しよーと！

教師　そうですね。近いうちにといわず、"鉄は熱いうちに打て"といいますから、早速、復習しましょう。

学生　えー・・・（開放感が遠のきました）

教師　問題が３問ほどありますが、今までの内容を少し応用した問題になっていますので、実力が付くと思います。頑張ってやってみてください。

学生　でも、難しいと解けるか心配です・・・

教師　大丈夫、そのときには、関係する前の章を読み直せば、十分に解ける問題となっています。また、しっかりと解説するので、安心してください。

学生　それでは、最後の力を振り絞って、がんばりまーす。

この章で学ぶこと

1　社内の IP アドレスの割り振りとルータの設定を行う。
2　ルータの通信経路を動的に決めるルーティング方法について調べる。
3　安全にインターネットを利用するためのファイアウォールの設定を行う。

12.1　IPアドレスの設定

次の問題を読んで、社内の IP アドレスの割り振りとルータの設定について考えましょう。

12.1.1　問題 [164]

ある会社のネットワークは、図 12.1 に示すように、二つのネットワーク LAN-a と LAN-b、及びインターネットを、二つのルータによってつなぐ構成になっています。

次に図 12.1 の構成の詳しい内容を示します。

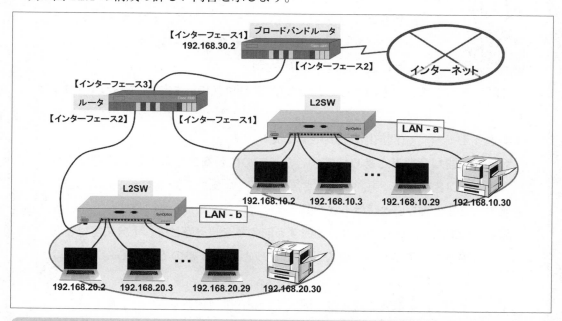

図 12.1　ある会社のネットワーク構成

・LAN-a には、28 台の PC と 1 台のネットワークプリンタで構成され、それぞれにプライベートアドレス 192.168.10.2 〜 192.168.10.30 が割り振られています。

・LAN-b も LAN-a と同じ構成で、プライベートアドレス 192.168.20.2 〜 192.168.20.30 が割り振られています。

・LAN-a、LAN-b ともに、28 台の PC と 1 台のネットワークプリンタを L2 スイッチ（L2SW）によってつないでいます。L2SW には IP アドレスは、割り振られていません。

---

[164]　この問題は、情報処理技術者試験の平成 20 年 初級システムアドミニストレータ 秋期 午後 問 4 を参考にしています。

- ルータは、三つのインタフェース 1 〜 3 に、LAN-a、LAN-b とブロードバンドルータを
つないでいます。
- ブロードバンドルータは、二つのインタフェース 1、2 に、ルータとインターネットを
つないでいます。

〔設問 1〕 [165]

　LAN-a の PC とプリンタに割り振られた IP アドレスを同じネットワークアドレスで表現
するためには、ホスト部は最低何ビット必要でしょうか。また、そのときのサブネットマス
クの値は幾つになるでしょうか。

〔設問 2〕 [166]

　ブロードバンドルータのインタフェース 1 は、ルータとつなげられ、IP アドレス
192.168.30.2 が設定されています。インタフェース 2 には、インターネットサービスプロ
バイダ（ISP）より指定された IP アドレスとサブネットマスクが設定されます。これらの設
定を表したものが次の表 12.1 で、ブロードバンドルータの各インタフェースに対する IP ア
ドレス及びサブネットマスクの関係を示しています。

表 12.1　ブロンドバンドルータの IP アドレスの設定

インタフェース	IP アドレス	サブネットマスク
インタフェース 1	192.168.30.2	
インタフェース 2	ISP が指定した値	

　注：網掛けの箇所には、設問 1 のサブネットマスクと同じ値が入ります。

　表 12.2 は、LAN-a、LAN-b とブロードバンドルータをつなぐルータについて、その各イ
ンタフェースに対する IP アドレス及びサブネットマスクの関係を示したものです。この表
中の ☐☐☐☐☐ に入る IP アドレスは、それぞれ幾つになるでしょうか。

表 12.2　ルータの IP アドレスの設定

インタフェース	IP アドレス	サブネットマスク
インタフェース 1		
インタフェース 2		
インタフェース 3	192.168.30.1	

　注：網掛けの箇所には、設問 1 のサブネットマスクと同じ値が入ります。

165　ヒント：第 3 章の 3.1.3 参照
166　ヒント：第 4 章の 4.1.1 参照

12.1.2　解説

〔設問 1〕の解説

　LAN-a は、28 台の PC と 1 台のネットワークプリンタの計 29 台の端末（ホスト）で構成され、それぞれにプライベートアドレス 192.168.10.2 ～ 192.168.10.30 が割り振られています。また、IP アドレスの割り当てを考えるとき、ホスト部がすべて 0 となる**ネットワークアドレス**と、ホスト部がすべて 1 となる**ブロードキャストアドレス**の二つの IP アドレスは、割り当てから省く必要があります。したがって、31 個の IP アドレスが必要になります。

　忘れてはいけないのは、図 12.1 の場合、LAN-a をルータのインタフェース 1 につなぐ構成になっているので、ルータのインタフェース 1 にも、LAN-a と同じネットワークに属する IP アドレスを割り振る必要があります。よって、合計で 32 個の IP アドレスが必要になります。32 個の IP アドレスを表すには、32 = 2^5 より、ホスト部が 5 ビットあるとギリギリ[167]で表現することができます。このときのサブネットマスクは、2 進数で右端の 5 ビット分が 0 で表現された値となるので、それを 10 進数表現すると、次のようになります。

解答：ホスト部 5 ビット、サブネットマスク 255.255.255.224 となります。

〔設問 2〕の解説

　設問 1 で説明したように、LAN-a をルータのインタフェース 1 につなぐ場合、ルータのインタフェース 1 にも、LAN-a と同じネットワークに属する IP アドレスを割り振る必要があります。また、表 12.2 の注書きに、サブネットマスクの値は設問 1 で求めた値が入るとあるので、255.255.255.224 が入ります。したがって、LAN-a で使える IP アドレスの個数は 32 個となり、プライベートアドレスの範囲は、

$$192.168.10.0 ～ 192.168.10.31$$

となります。このうち、次の IP アドレスがすでに割り当てられているので、

167　実際には、IP アドレスを割り振る場合、接続するホストの数ギリギリで設定することはありません。あくまでも、最小のサイズを知るための問題として理解しておきましょう。

・端末（ホスト）：192.168.10.2 ～ 192.168.10.30
・ネットワークアドレス：192.168.10.0
・ブロードキャストアドレス：192.168.10.31

ルータのインタフェース 1 に割り当てることのできる IP アドレスは、192.168.10.1 となります。 LAN-b についても、LAN-a と同じように考えると、ルータのインタフェース 2 に割り振ることのできる IP アドレスは、192.168.20.1 となります。

解答：求める IP アドレスは、次の表 12.3 のようになります。

表 12.3　ルータの IP アドレスの設定

インタフェース	IP アドレス	サブネットマスク
インタフェース 1	192.168.10.1	255.255.255.224
インタフェース 2	192.168.20.1	255.255.255.224
インタフェース 3	192.168.30.1	255.255.255.224

12.2　動的なルーティング

　次の問題を読んで、ルータの通信経路を動的に決めるルーティング[168] の方法について考えましょう。

12.2.1　問題[169]

　図 12.2 は、ある会社の東京本社と大阪支社と名古屋支社をつなぐ WAN の構成を示しています。この WAN は、東京本社、大阪支社、名古屋支社のそれぞれの LAN である LAN-a、LAN-b、LAN-c を、三つのルータ 1 ～ 3 によってつなぐ構成となっています。このとき、東京本社、大阪支社、名古屋支社のそれぞれ LAN 間を行き交う通信は、ルータが RIP で集めた経路情報によって作成したルーティングテーブルを使って、ルーティングされます。
　たとえば、東京本社のルータ 1 には、直接の情報や RIP によって、次のような経路情報

168　ルータの通信経路を動的に決めるルーティングのことを、ダイナミックルーティングといいます。
169　この問題は、情報処理技術者試験の平成 20 年 ソフトウェア開発技術者 秋期 午後Ⅰ 問 1 を参考にしています。

が収集されます。

①　ルータ 1 のインタフェース 1 には LAN-a（IP アドレス：172.16.10.0/24）が直接接続されています。

②　ルータ 1 のインタフェース 2 にはルータ 2（IP アドレス：172.16.1.2）が直接接続されています。このとき、ルータ 2 からの RIP の経路情報によって、その先には LAN-b（IP アドレス：172.16.20.0/24）が接続されていることが分かります。したがって、ルータ 1 から LAN-b への距離はホップ数 1 となります。

③　②と同じように、ルータ 1 のインタフェース 3 にはルータ 3 が直接接続されており、その先には LAN-c（IP アドレス：172.16.30.0/24）が接続されているので、LAN-c への距離はホップ数 1 となります。

④　ルータ 1 のインタフェース 2 にはルータ 2 が直接接続され、その先にルータ 3（IP アドレス：172.16.2.2）が接続されています。そして、ルータ 3 には LAN-c（IP アドレス：172.16.30.0/24）が接続されているので、ルータ 1 から LAN-c への距離はホップ数 2 となります。

⑤　④と同じように、ルータ 1 のインタフェース 3 にはルータ 3 が直接接続され、その先にルータ 2、そしてその先には LAN-b（IP アドレス：172.16.20.0/24）が接続されているので、ルータ 1 から LAN-b への距離はホップ数 2 となります。

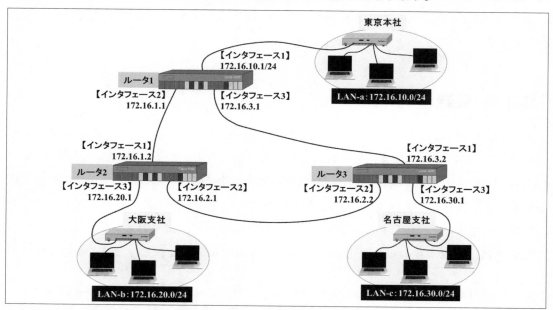

図 12.2　ある会社の WAN の構成

　次に示す表 12.4 のルーティングテーブルは、上記の①～⑤の経路情報を順に各行に対応付けて表現し、作成したものです。

表 12.4　東京本社のルータ 1 のルーティングテーブル

情報源	ネットワークアドレス	ネクストホップ	ホップ数	インタフェース
直接接続	172.16.10.0/24	－	－	インタフェース 1
RIP	172.16.20.0/24	172.16.1.2	1	インタフェース 2
RIP	172.16.30.0/24	172.16.3.2	1	インタフェース 3
RIP	172.16.30.0/24	172.16.1.2	2	インタフェース 2
RIP	172.16.20.0/24	172.16.3.2	2	インタフェース 3

〔設問〕[170]

　次に示す表 12.5 は、大阪支社のルータ 2 のルーティングテーブルです。表中の □□□ に適切なネクストホップとホップ数の値を入れましょう。

表 12.5　大阪支社のルータ 2 のルーティングテーブル

情報源	ネットワークアドレス	ネクストホップ	ホップ数	インタフェース
直接接続	172.16.20.0/24	－	－	インタフェース 3
RIP	172.16.10.0/24			インタフェース 1
RIP	172.16.10.0/24			
RIP	172.16.30.0/24			インタフェース 2
RIP	172.16.30.0/24			

注：網掛けの箇所は、表示していません。

12.2.2　解説

〔設問〕の解説

　大阪支社のルータ 2 に対する経路情報は、次のようになります。

①　ルータ 2 のインタフェース 3 には LAN-b（172.16.20.0/24）が直接接続されています。

②　ルータ 2 のインタフェース 1 にはルータ 1 のインタフェース 2（172.16.1.1）が接続され、その先には LAN-a（172.16.10.0/24）が接続されているので、LAN-a まで距離はホッ

プ数 1 となります。

③ ルータ 2 のインタフェース 2 にはルータ 3 のインタフェース 2（172.16.2.2）が接続され、その先にルータ 1 が接続され、さらにその先に LAN-a（172.16.10.0/24）が接続されているので、LAN-a までの距離はホップ数 2 となります。

④ ②と同じように、ルータ 2 のインタフェース 2 からルータ 3 のインタフェース 2（172.16.2.2）の先の LAN-c（172.16.30.0/24）までの距離はホップ数 1 となります。

⑤ ③と同じように、ルータ 2 のインタフェース 1 からルータ 1 のインタフェース 2（172.16.1.1）を通って、その先のルータ 3 に、LAN-c（172.16.30.0/24）が接続されているので、LAN-c までの距離はホップ数 2 となります。

解答：次に示す表 12.6 のルーティングテーブルは、上記の①〜⑤の経路情報を順に各行に対応付けて表現しています。求めるネクストホップとホップ数は表のようになります。

表 12.6　大阪支社のルータ 2 のルーティングテーブル

情報源	ネットワークアドレス	ネクストホップ	ホップ数	インタフェース
直接接続	172.16.20.0/24	−	−	インタフェース 3
RIP	172.16.10.0/24	172.16.1.1	1	インタフェース 1
RIP	172.16.10.0/24	172.16.2.2	2	インタフェース 2
RIP	172.16.30.0/24	172.16.2.2	1	インタフェース 2
RIP	172.16.30.0/24	172.16.1.1	2	インタフェース 1

12.3　ファイアウォールの設定

　次の問題を読んで、インターネットとつないでいる会社で、安全にインターネットを利用するためのファイアウォールの設定について考えましょう。

12.3.1　問題 [171]

　インターネットに接続しているある会社のネットワークは、図 12.3 に示すように、二つ

---

[171] この問題は、情報処理技術者試験の平成 19 年 ソフトウェア開発技術者 春期 午後 I 問 1 を参考にしています。

のファイアウォールXとYを使って、その会社のWebサーバ及びメールサーバと、社内の二つのネットワークLAN-a及びLAN-bをインターネットにつなぐ構成となっています。図に示すように、Webサーバ及びメールサーバは、DMZの領域に設置されています。

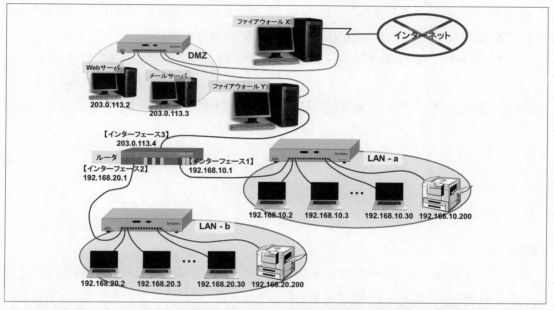

図12.3　ある会社のインターネットに接続するネットワークの構成

- ファイアウォールXはインターネットとDMZをつなぎ、ファイアウォールYはDMZと社内のネットワークをつないでいます。ファイアウォールXとYは、パケットフィルタリング型のファイアウォールです。
- Webサーバにはグローバルアドレス203.0.113.2が与えられており、その会社のWebページをインターネットに公開しています。
- メールサーバにはグローバルアドレス203.0.113.3が与えられており、インターネット経由で社外の電子メールの受信と、社内からの電子メールの発信を行っています。また、メールボックスに届いているメールの転送を社内のPCからの要求によって対応します。
- ルータは、インタフェース1にIPアドレス192.168.10.1が設定されてLAN-aとつながり、インタフェース2にIPアドレス192.168.20.1が設定されてLAN-bとつながり、インタフェース3にIPアドレス203.0.113.4が設定されてファイアウォールYとつながっています。
- 社内のPCからは、社外との電子メールの送受信と、社外の暗号化通信によるWebの閲覧ができます。

- LAN-a は 29 台の PC と 1 台のネットワークプリンタで構成され、それぞれにプライベートアドレス 192.168.10.2 〜 192.168.10.30 及び 192.168.10.200 が割り振られています。
- LAN-b も LAN-a と同じように、29 台の PC と 1 台のプリンタにプライベートアドレス 192.168.20.2 〜 192.168.20.30 及び 192.168.20.200 が割り振られています。
- このネットワークで利用するポート番号は、次の表 12.7 のようになっています。

表 12.7　プロトコルとポート番号

プロトコル	ポート番号
smtp	25
https	443
pop3	110

〔**設問 1**〕[172]

　表 12.8 は、ファイアウォール X のインターネットから DMZ への通過の可否を、IP アドレス及びポート番号によって制限するためのパケットフィルタリングの設定です。各通信の内容を考えて、表中の ☐☐☐ に適切な IP アドレスの値または "任意" を入れましょう。

表 12.8　ファイアウォール X のパケットフィルタの設定

向き：インターネット→ DMZ

送信元 IP アドレス	あて先 IP アドレス	あて先ポート番号	状態
任意		25	許可
任意		443	許可
任意		任意	拒否

〔**設問 2**〕[173]

　表 12.9 は、ファイアウォール Y の社内 LAN から DMZ への通過の可否を、IP アドレス及びポート番号によって制限するためのパケットフィルタリングの設定です。各通信の内容を考えて、表中の ☐☐☐ に適切な IP アドレスの値または "任意" を入れましょう。

172　ヒント：第 9 章の 9.1.1 参照
173　ヒント：第 9 章の 9.1.1 参照

表12.9　ファイアウォールＹのパケットフィルタの設定

向き：社内 LAN → DMZ

送信元 IP アドレス	あて先 IP アドレス	あて先ポート番号	状態
任意		25	許可
任意		443	許可
任意		110	許可
任意		任意	拒否

12.3.2　解説

〔設問 1〕の解説

　ファイアウォール X のインターネットから DMZ へのパケットフィルタは、メールサーバへのパケットと Web サーバへのパケットは通過させ、それ以外はすべて拒否する設定となります。すなわち、

　　・インターネットからメールサーバへのパケット：
　　　　あて先 IP アドレス 203.0.113.3、あて先ポート番号 25
　　・インターネットから Web サーバへのパケット：
　　　　あて先 IP アドレス 203.0.113.2、あて先ポート番号 443

というパケットの通過は許可し、それ以外はすべて通過を拒否します。

解答：求める IP アドレスの値または“任意”は、次の表 12.10 のようになります。

表12.10　ファイアウォール X のパケットフィルタの設定

向き：インターネット→ DMZ

送信元 IP アドレス	あて先 IP アドレス	あて先ポート番号	状態
任意	203.0.113.3	25	許可
任意	203.0.113.2	443	許可
任意	任意	任意	拒否

〔設問 2〕の解説

　ファイアウォール Y の社内 LAN から DMZ へのパケットフィルタは、外部にメール発送

するためにメールサーバへ送るパケット、メールサーバのメールボックスに届いているメールを要求するパケット、外部の Web サーバの閲覧を要求するためのパケットについては通過を許可し、それ以外はすべて拒否する設定となります。すなわち、

・外部にメール発送するためにメールサーバへ送るパケット：
あて先 IP アドレス 203.0.113.3、あて先ポート番号 25[174]
・メールサーバのメールボックスに届いているメールを要求するパケット：
あて先 IP アドレス 203.0.113.3、あて先ポート番号 110[175]
・外部の Web サーバの閲覧を要求するためのパケット：
あて先 IP アドレス " 任意 "、あて先ポート番号 443[176]

というパケットの通過は許可し、それ以外はすべて通過を拒否します。

解答：求める IP アドレスの値または " 任意 " は、次の表 12.11 のようになります。

表 12.11　ファイアウォール Y のパケットフィルタの設定[177]

向き：社内 LAN → DMZ

送信元 IP アドレス	あて先 IP アドレス	あて先ポート番号	状態
任意	203.0.113.3	25	許可
任意	任意	443	許可
任意	203.0.113.3	110	許可
任意	任意	任意	拒否

174　外部にメール発送するためのプロトコルは smtp となります。

175　メールサーバのメールボックスに届いているメールを要求するプロトコルは pop3 となります。

176　暗号化通信による外部の Web サーバの閲覧を要求するためのプロトコルは 443 となります。このとき、Web サーバの閲覧については、Web サーバは外部の任意のサーバなので、IP アドレスは " 任意 " となります。

177　パケットフィルタの設定は、上のルールから順に適用されます。

練習問題解答

問題1　回線事業者：一般電話回線や ISDN、ADSL、FTTH、専用線などの伝送路を提供する事業者

　　　　ISP：インターネットの接続サービスを提供する事業者

　　　　法律：電気通信事業法

問題2　1 秒間に 1,000,000 ビットを通信できる速度

問題3　FTTH：光ファイバーを使って通信する方式で、データ伝送速度は最大で 100Mbps である。接続には、光回線終端装置（ONU：光ネットワークユニット）が必要である。

　　　　移動通信：スマートフォンなどの利用者端末と、端末の近くにある無線アクセスを行う基地局が通信を確立し、基地局を通ってコアネットワークと呼ばれる通信網を経由してつなぐ仕組みで、データ転送速度は、4G では最大で下り 1.7Gbps・上り 131.3Mbps、5G では最大で下り 4.9Gbps・上り 1.1Gbps である。

問題4　LAN：ビルや敷地内などの限定された範囲のネットワーク

　　　　WAN：回線事業者の伝送路などを使って離れた場所のビルや敷地にある LAN をつなぐネットワーク

問題5　クライアント：サービスを受容する側の PC またはソフトウェア

　　　　サーバ：サービスを提供する側の PC またはソフトウェア

　　　　代表例：Web ブラウザと Web サーバ、メーラとメールサーバ

問題6　イントラネットは、インターネットで使われている技術を LAN や WAN などの閉じたネットワーク内で限定して利用するシステム

問題1　LAN ケーブル：一般に RJ-45 というツイストペアーケーブルが使われる。

　　　　NIC（LAN カード）：MAC アドレスをもち、それによって LAN カードが識別される。

　　　　ハブ：LAN ケーブルをつなぐ複数のポートをもち、PC をネットワークにつなぐ。

問題2　1000BASE-T（IEEE802.3ab）：データ転送速度 1000Mbps、ツイストペアーケーブル（CAT5）

　　　　10GBASE-T（IEEE802.3an）：データ転送速度 10Gbps、ツイストペアーケーブル（CAT7）

　　　　10GBASE-SR（IEEE802.3ae）：データ転送速度 10Gbps、シングルモード光ファイバケーブル

問題3　IEEE 802.11a、IEEE802.11b

問題4　データを転送するときにコリジョンの発生を検出し、発生した場合には少し待って再送信をするという通信方式である。

問題5 イーサネットでのデータの形式で、データにあて先MACアドレスと送信元MACアドレスを付けることで、データの授受が行えるようにしている。

問題6 ハブは、データの行き先を考えずに、つながっているすべてのPCへ転送するが、スイッチングハブは、イーサネットフレームのMACアドレスを調べ、MACアドレステーブルを使って、目的のPCがつながっているポートにだけ転送する。

第3章

問題1 200.170.70.25

問題2 グローバルアドレス：インターネットで通用するIPアドレスである。

プライベートアドレス：社内などの限定した範囲で使うIPアドレスで、インターネットで利用することはできない。

問題3 クラスA、クラスC

問題4 ネットワーク部：16ビット、ホスト部：16ビット

問題5 サブネットマスク：255.255.255.224

CIDR表記：203.0.113.32/27

問題6 イーサネットフレーム、MACアドレス、ARP

問題7 128ビット、4倍

第4章

問題1 LAN-a内のPCから送信されるイーサネットフレームのあて先にはルータのMACアドレスが書かれており、これを受け取ったルータは、そのあて先をLAN-b内の送り先のPCのMACアドレスに書き換えて送信する。

問題2 ルータの各インタフェースに付けられたIPアドレスがネクストホップに記されており、各インタフェースにつながっているネットワークがネットワークアドレスとして記されている。

問題3 ルータが通信経路の情報を得るためのプロトコルであり、直接つながっていないネットワークの情報を、つながった先にあるルータから順にその先へとたどって情報を収集する仕組みである。メトリックは、先のネットワークまでの経路の距離を示す情報である。

問題4 NATはIPパケットのIPアドレスを変換する仕組みのことである。たとえば、プライベートアドレスしか与えられていないPCがインターネットへの通信を行う場合、PCのプライベートアドレスをゲートウェイがもつグローバルアドレスに変換することで、インターネットへ送信できるようにする。

第5章

問題1 ネットワークインタフェース層：ノードを物理的につなぎ、つないだネットワーク内で電気や電波により通信する仕組み

インターネット層：IP アドレスを使ったルータによるルーティングによって、ネットワーク間での通信を行う仕組み

トランスポート層：ホストからホストへの 1 対 1 の通信（エンドツーエンド通信）を確立して通信する仕組み

アプリケーション層：Web や電子メールといった通信のアプリケーションよって行われる各通信サービスを提供する仕組み

問題 2 ネットワークインタフェース層：物理層とデータリンク層に対応

インターネット層：ネットワーク層に対応

トランスポート層：トランスポート層に対応

アプリケーション層：セッション層とプレゼンテーション層とアプリケーション層に対応

問題 3 ホスト 1 が通信を開始するとき、SYN パケットを相手のホスト 2 に送信する。

SYN パケットを受け取ったホスト 2 は、ACK パケットを送信し、受信の準備を行う。

ACK パケットを受け取ったホスト 1 は、通信を開始する合図の ACK パケットを送信し、コネクションが確立する。

問題 4 通信データを利用するアプリケーション層での通信サービスを特定できる。

システムポート番号、ユーザポート番号、動的／プライベートポート

問題 5 TCP は通信のときにコネクションを確立するが、UDP は確立を行わないで通信を開始する。そのため、UDP は正確にデータが相手に到達したかの確認ができないが、通信を簡易にかつ短時間で行うことができる。

第 6 章

問題 1 HTTP：Web クライアントの要求により、Web サーバが Web ページを送信するためのプロトコル

SMTP：メールサーバ間でメールの送受信を行うプロトコル

POP：メールサーバからメールクライアントへメールを取り出すプロトコル

HTTP：URL、SMTP：メールアドレス

問題 2 MIME

問題 3 日本：jp、大学：ac、企業：co、政府：go

問題 4 全世界：ICANN、日本：JPNIC

問題 5 URL やメールアドレスに記されたドメイン名から IP アドレスを調べること。

問題 6 企業や学校で使われている PC（ホスト）に固定的に IP アドレスを割り振ると設定変更時に手間がかかるので、DHCP を使って、ホストがネットワークに接続されたときに自動的に IP アドレスを割り振るようにする。

練習問題解答

第7章

問題1 物理的構成：ネットワークを構成する装置などの要素

論理的構成：IPアドレスなどのネットワーク設定に関する要素

問題2 障害管理での障害発生時の作業の流れは、障害情報の収集、障害の切り分け、関係者への連絡、障害の切り離し、障害への対応、関係者への連絡、障害の記録となる。

問題3 トラフィック量：ネットワーク上を流れる情報量のこと。単位時間当たりのトラフィック量のことを呼量という。

レスポンスタイム：要求を出してから結果が戻ってくるまでの時間。

帯域幅：周波数の範囲のこと。一般にヘルツ（Hz）の単位で示す。

問題4 ifconfigはUNIXで、ipconfigはWindowsで、そのPCのIPアドレスやMACアドレスなど、ネットワークの設定情報を調べる。

問題5 ping、traceroute（tracert）は、そのPCのネットワークでの通信状況を調査する目的で利用する。

問題6 arpは、そのPCに直接つながっているノード（PC）のIPアドレスとMACアドレスを記録したARPテーブルの情報を表示する。netstatは、そのPCのTCPやUDPによるコネクションの状態を表示する。

問題7 ネットワーク機器の監視（モニタリング）では、死活の検知、不正侵入の検知、リソースの監視といった管理を行う。この管理に利用するプロトコルにSNMP、管理ツールにSNMPマネージャがある。

第8章

問題1 情報資産は、知的財産、社外秘の情報、個人情報などの守るべき情報であり、リスクは、情報資産に対する破壊、改ざん、紛失といった危険性であり、脅威は、リスクとなる事象であり、脆弱性は、脅威を引き起こす原因である。

問題2 なりすまし：他人のIDやパスワードを盗用し、その人になりすます。

クラッキング：IDやパスワードをランダムに発生させるなどして、サーバに進入する。

フィッシング詐欺：偽装したページに誘導し、ID、パスワードやクレジットカード番号、暗証番号などを盗む。

マルウェア：悪意をもってつくられたプログラムを指す言葉

DoS攻撃：特定のサーバに対して、ダウンさせたり、つながりづらくさせたりする攻撃

ファイル交換ソフト：インターネット上に一時的な専用の通信経路を構築してファイルを共有や交換をするソフトウェア

SQLインジェクション：Webページ上のテキストボックスにSQL文に不正な条件を入力し、不正にデータベースを操作する。

クロスサイトスクリプティング：脆弱性のある掲示板などにリンクを貼り、クリックすると悪意

208

のある Web サーバに飛び、不正なプログラムを実行する仕掛け

問題 3　ISMS は、情報資産を洗い出し、特定した情報資産に対して、機密性、完全性、利便性の観点から情報セキュリティ基本方針を決め、この基本方針を実現するための情報セキュリティ対策基準を策定し、このルールを実践すること

問題 4　人的脅威には、ヒューマンエラー、怠慢や油断、内部の犯行などがある。物理的脅威には、天災、機器の故障、侵入者による機器の破壊などがある。技術的脅威には、インターネットやコンピュータなどの技術的な手段による情報の不正入手や、破壊や改ざんなどがある。

技術的セキュリティ対策：アクセス権の制限、アカウント管理、不正ソフトウェア対策、セキュリティホール対策、コンピュータウイルス対策

第 9 章

問題 1　パケットフィルタリング型：インターネット層の IP、トランスポート層の TCP や UDP のパケットに対して、特定のものを通さないといったフィルタリングを行う。

アプリケーションゲートウェイ型：アプリケーション層の HTTP や FTP などに対して、その通信内容を解釈して検査を行う。

問題 2　DMZ は、社内ネットワークに Web サーバやメールサーバを置くとその通信が侵入の経路になる可能性があるため、それを防ぐための構成であり、外部ネットワークと社内ネットワークの間の二か所にファイアウォールを接続してつくる境界領域のことである。

問題 3　通信エリアに PC を持ち込み、勝手にネットワークに接続できる。

通信エリアが重なる場所では、どちらのアクセスポイントにも接続できる。

問題 4　SSID：アクセスポイントと PC の間で特定の文字列を設定し、アクセスポイントはその文字列の一致によって PC を認証する。

MAC アドレスフィルタリング：許可する PC の MAC アドレスをアクセスポイントに登録し、この情報で接続できる PC を限定する。

WPA：WEP と同じく、アクセスポイントと PC 間で共通鍵による暗号化通信を行う方式。

第 10 章

問題 1　共通鍵暗号方式：暗号化と復号の処理を同じ鍵で行う方式で、1 対 1 の暗号化通信に利用される。

公開鍵暗号方式：暗号化と復号で別の鍵を使い、一方は公開鍵としてインターネットなどで公開し、一方は秘密鍵として管理する。不特定多数との暗号化通信に利用される。

共通鍵暗号方式：DES、トリプル DES、公開鍵暗号方式：RSA

問題 2　SSL/TLS は、公開鍵暗号方式を使って共通鍵のやり取りを行い、その後、その鍵を使って共通鍵暗号方式で暗号通信を行う。HTTPS

問題 3　通信相手と同じハッシュ関数を使い、電子文書を変換したハッシュ値に対して秘密鍵で暗号化し

た電子署名を、一緒に送られてきた公開鍵で復号し、送られてきた電子文書のハッシュ値と一致するかを確認する仕組み。改ざん

問題 4 認証局は、通信を行う組織を証明する電子証明書を発行し、発行を受けた組織は、通信を行うときに、この電子証明書を使って通信することで、通信相手がその組織の信頼性を確認できる。

Web を使って不特定の人と取引を行うような企業が、認証局を使うことで、取引相手から信頼を得ることができる。

第 11 章

問題 1 カプセル化は、パケット全体を別のヘッダの付いたパケットに組み込み、異なるレイヤやプロトコルでも通信可能にすることであり、この通信をトンネリングという。

暗号化したデータをカプセル化してトンネリングによって通信することで、インターネットなどの公衆の伝送路で、プライベートな通信を行う仕組みを VPN という。

問題 2 IPsec は、ネットワーク層のプロトコルであり、ルータなどの機器に実装されており、LAN 間をつなぐルータが IPSec によりカプセル化と暗号化を行い VPN を実現する。

問題 3 ポート VLAN、タグ VLAN

ポート VLAN：L2 スイッチがもつ VLAN テーブルを使って、ポート番号ごとに VLAN のグループを設定する。

タグ VLAN：イーサネットフレームに 4 バイトの VLAN タグを追加し、この情報でどの VLAN の通信データかを識別して通信を制御する。

問題 4 認証 VLAN：VLAN を応用し、登録されていない PC をネットワーク内に無断で接続させないといったセキュリティを高めた LAN

RADIUS サーバ：ユーザを ID やパスワードなどによる認証を使って、ユーザが利用する PC のネットワークへの参加の可否を判断する仕組み

索引

わ

■著者略歴

浅井 宗海（あさい　むねみ）

中央学院大学商学部教授

1984 年　東京理科大学大学院理工学研究科情報科学専攻修了。

その後、財団法人日本情報処理開発協会（現：一般財団法人日本情報経済社会推進協会）中央情報教育研究所専任講師及び調査部高度情報化人材育成室室長、大阪成蹊大学マネジメント学部（現：経営学部）及び教育学部教授を経て、2017 年より現職。その間、文部科学省、経済産業省及び関連機関で、高等学校教科「情報」や情報技術者試験の指導要領やカリキュラム等に関する委員会の委員を歴任。

主な書籍に、『入門アルゴリズム』（共立出版 1992 年）、『Ｃ言語』（実教出版 1995 年）、『マルチメディア表現と教育』（マイガイヤ 1998 年）、『新コンピュータ概論』（実教出版 1999 年）、『1 週間で分かる基本情報技術者集中ゼミＣＡＳＬⅡ』（日本経済新聞 2002 年）、『プレゼンテーションと効果的な表現』（SCC2005 年）、『IT パスポート学習テキスト』（実教出版 2009 年）など多数。

組版・装丁　安原悦子
編集　伊藤雅英・赤木恭平

改訂新版　ファーストステップ　情報通信ネットワーク

2024 年 6 月 30 日　　初版第 1 刷発行

著　者　　浅井 宗海
発行者　　大塚 浩昭
発行所　　株式会社近代科学社
　　　　　〒101-0051 東京都千代田区神田神保町1丁目105番地
　　　　　https://www.kindaikagaku.co.jp